そのまま使える

WordPress
カスタムテンプレート

錦織幸知　稲葉和希　五十嵐小由利　伊藤麻奈美

JN016064

デザインのネタ帳

エムディエヌコーポレーション

はじめに

本書をお手に取っていただき、ありがとうございます。

本書は、WordPressで作ったWebサイトやブログで使える、カスタマイズのアイデアやノウハウをまとめたライブラリ集になります。

WordPressは、世界で最も多く使われているCMS（コンテンツ・マネジメント・システム）のひとつです。インターネット上には、WordPressの高品質なテーマやプラグインが数多く配布されているので、初心者の方でも、きれいなWebサイトを比較的簡単に作れるようになりました。

ただし、既存のテーマやプラグインに用意された機能のみを使っていると、どうしても細かい部分で、「本当はこうしたい」といった要望に対応しきれないことがあります。

本書はそういった「ちょっとした箇所」や「カユいところ」にあたる部分を、実際に、ご自身の手でWordPressのテンプレートファイルなどを触ってカスタマイズし、理解しながら進めていける内容となっております。

全8章構成で、章ごとに、ヘッダーやトップページ、サイドバーなどの項目で分かれています。ご自身のWebサイトをより良くするためのヒント集としても、活用いただけるはずです。

「WordPressで作ったWebサイトを持っているけど、今よりさらに自分好みのサイトにカスタマイズしてみたい」という方のお手元に置いていただけましたら幸いです。

2022年8月
著者を代表して　錦織 幸知

contents

contents

本書の使い方

　本書は、WordPressテーマのテンプレートをカスタマイズする手法を集めて解説したものです。本書の解説中では、本書専用となるWordPressのオリジナルテーマを使用しています。カスタマイズ前・カスタマイズ後の状態を比較しながら、テーマのテンプレートをカスタマイズする方法を解説しています。

　本書の紙面構成は次の通りです。

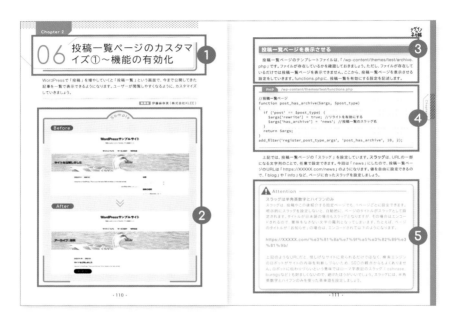

❶ 記事タイトル

冒頭に、各カスタマイズ内容のタイトルを掲載しています。

❷ テンプレートのカスタマイズ

テンプレートのカスタマイズ前・カスタマイズ後のブラウザ表示を、Before・Afterとして示しています。

❸ 解説本文

カスタマイズする方法や手順を解説しています。

❹ 図表・ソースコード

解説本文を補足するブラウザの表示画面や、PHPやHTMLなど、カスタマイズする際に記述するソースコードを掲載しています。ソースコードはポイントとなる部分のみを抜粋している場合もあります。

❺ Point ／ Attention

プログラミングする上での重要ポイントやコツ、気をつけるべき点などを紹介しています。

本書の学習用サンプルサイト

　本書の解説で使用している学習用のサンプルサイトは、下記から閲覧できます。このサンプルサイトはブラウザ表示の状態を確認するためのものです。WordPressの管理画面へのログイン・操作は行えませんので、あらかじめご了承ください。

　また、カスタマイズ前のサンプルテーマをダウンロードして、学習の参考としてご使用いただけます。そちらも合わせてご活用ください（→ダウンロードについてはP.010参照）。

カスタマイズ前

https://sample.nijyuman.com/

カスタマイズ後

https://sample-after.nijyuman.com/

本書は2022年8月現在の情報を元に執筆されたものです。これ以降の仕様等の変更によっては、記載された内容（技術情報、固有名詞、URL、参考書籍など）と事実が異なる場合があります。

Introduction

WordPressの基本

01 WordPressの特長

世界で最も使われているCMS（コンテンツ・マネジメント・システム）であるWordPress。
WordPressでカスタマイズを行う前にまず、WordPressの特長や仕組みについておさらいしておきましょう。

執筆者 錦織幸知

WordPressの概要

WordPressとは、Webサイトやブログの構築から運用までを簡単に行えるソフトウェアです。無料で利用できてかつ、手軽な操作で扱いやすいため、個人ブログから大企業のサイトにわたるまで幅広く、世界中で使用されています。WordPressは、Webサーバー上で、PHPというプログラム言語と、MySQLというデータベース管理システムを使って動作しています。WordPressが動く仕組みは、以下の通りです。

図1

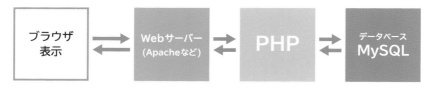

WordPressの主な特長

WordPressには主に、以下の特長があります。
- 無料で使える
- 簡単にWebサイト（ブログ）が完成できる
- 豊富なデザインテンプレートが用意されている
- プラグインを使って機能拡張ができる
- コードを編集することで自由にカスタマイズできる
- 利用者が多いためインターネット上に多くの情報がある

WordPressを使用するために必要なもの

WordPressを使うのに必要なものは、以下の通りです。

- WordPress本体（WordPressは公式サイトから無料でダウンロードできる）
- レンタルサーバーなどのホスティング環境

図2　WordPress公式サイト（ https://ja.wordpress.org ）

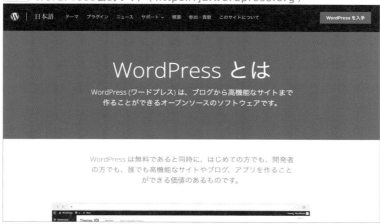

WordPressの動作に必要なサーバー要件

　WordPressを動作させるのに必要なサーバー要件は、たとえばWordPress 6.0の場合、以下の通りです。

- PHP 7.4以上
- MySQL 5.7以上、またはMariaDB 10.3以上

　WordPressを使う目的でレンタルサーバーなどを契約する場合は、要件を満たしているかを確認するようにしましょう。特に、レンタルサーバーの安価なプランだと、データベース（ MySQLなど ）がプラン内に含まれていないことも多いので、注意してください。WordPressの自動インストールサービスを用意しているレンタルサーバーも多いので、慣れないうちは、そのようなサービスがあるレンタルサーバーを選ぶのがおすすめです。

02 WordPressの テーマとは

WordPressには「テーマ」という、サイトのデザインを簡単に着せ替えられる機能があります。本書では基本的に、この「テーマ」内にあるテンプレートファイル（PHPやCSS）を編集し、カスタマイズを行っていきます。

執筆者 錦織幸知

テーマとテンプレートファイル

テーマは、PHPやCSSファイルなどの、複数のテンプレートファイルから構成されています。このテンプレートファイルのコードを編集することで、WordPressで作ったサイトの見せ方を、自由にカスタマイズできます。

▶テーマのファイル格納場所
~~~/wp-content/themes/

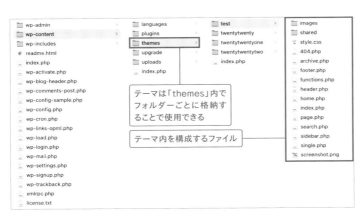

テーマは「themes」内でフォルダーごとに格納することで使用できる

テーマ内を構成するファイル

テーマを変えるだけで簡単にデザインを変えられる

テーマは、複数インストールしておくことが可能です。テーマはインストールさえしておけば、WordPressの管理画面からいつでも簡単に、別のテーマ（デザイン）に変更できます。

❶管理画面の［外観］をクリック

❷インストール済みのテーマが表示されるので、適用したいテーマをマウスオーバーして［有効化］をクリック

　適用するテーマによって、サイトの見え方は大きく変わります。たとえば、下記のサイトは左から順にWordPress（ver6.0）のデフォルトテーマ「Twenty Twenty」「Twenty Twenty-One」「Twenty Twenty-Two」を適用したものです。

図1　テーマごとのサイトの見え方

テーマ
「Twenty Twenty」

テーマ
「Twenty Twenty-One」

テーマ
「Twenty Twenty-Two」

　このように、同じサイトでもテーマを変えることで、見た目が全く変わります。

テンプレートファイルを編集してデザインの自由度をアップ

　テンプレートファイル（PHPやCSSファイル）のコードを直接編集できるようになると、管理画面でできる設定やテーマに付いている機能のみでカスタマイズするよりも、デザインや機能実装の幅が広がります。また、管理画面の設定ではできないような「この箇所にテーマにはない機能を入れたい」といったことが実現可能です。

　ただし、編集したコードにエラーがあると、サイト自体が表示されなくなる場合もあります。慣れないうちは、編集前の状態を必ずバックアップするなどして、トラブル時にすぐに

元の状態へ戻せるようにしておきましょう。本書では基本的に、テーマ内のテンプレートファイルを編集したり、管理画面で設定を行ったりすることで、サイトをカスタマイズしていきます。

テーマは複数のテンプレートファイルが組み合わさったもの

　WordPressで作成したWebサイトは、テーマ内のテンプレートファイルの組み合わせによって構成されています。テーマに必須である「index.php」「functions.php」「style.css」の3ファイルがあれば、ひとまずテーマとしては機能します。ただし3ファイルのみだと、すべてのページがindex.phpの内容になります。そのため、それ以外のテンプレートファイルについても、Webサイトに合わせて必要なものを作成して、使用していくことになります。

　テンプレートファイルを組み合わせてWebサイトを表示する例は、以下の通りです。

図2　サイトの表示例

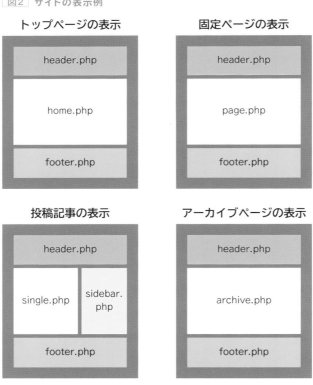

※テーマにより各ページの表示に使われるテンプレートファイルは異なります。

テーマを構成する主なテンプレートファイルには、「index.php」「functions.php」「style.css」を始め、以下のようなものがあります。

図3 テーマファイルの主な構造

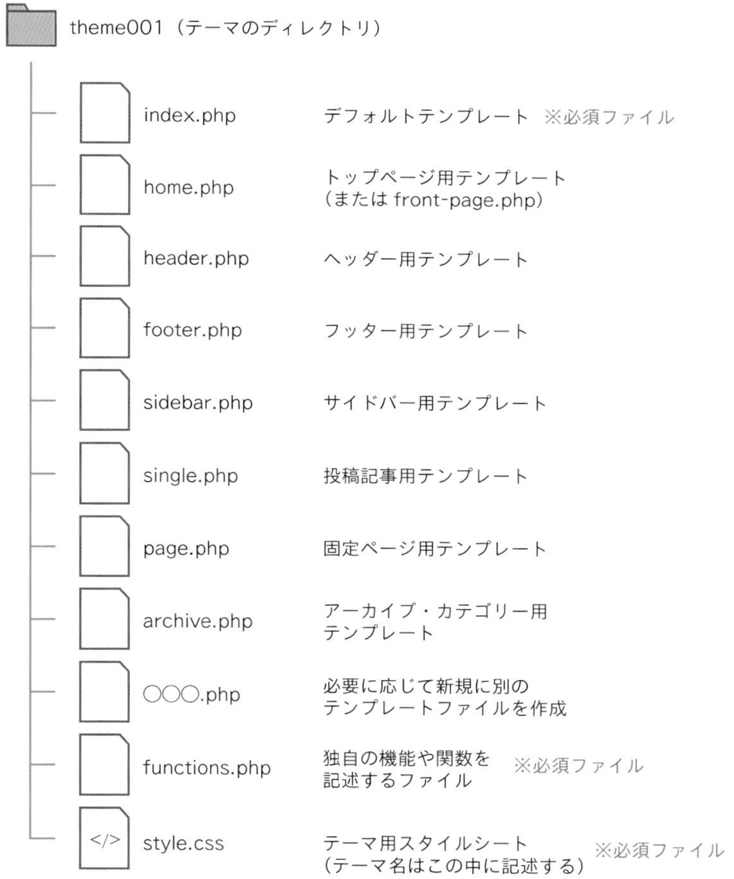

📁 theme001（テーマのディレクトリ）

index.php	デフォルトテンプレート	※必須ファイル
home.php	トップページ用テンプレート （または front-page.php）	
header.php	ヘッダー用テンプレート	
footer.php	フッター用テンプレート	
sidebar.php	サイドバー用テンプレート	
single.php	投稿記事用テンプレート	
page.php	固定ページ用テンプレート	
archive.php	アーカイブ・カテゴリー用 テンプレート	
○○○.php	必要に応じて新規に別の テンプレートファイルを作成	
functions.php	独自の機能や関数を 記述するファイル	※必須ファイル
style.css	テーマ用スタイルシート （テーマ名はこの中に記述する）	※必須ファイル

なお、本書では学習用にオリジナルのテーマを用意しているので、そのテーマをベースに、WordPressをカスタマイズしていきます。

03 本書でサンプルとして使用するテーマ

本書では、サンプル用のテーマファイルを用意しています。各節では、このサンプルテーマを元に、ソースコードの変更や追加を行う方法を解説していきます。ここでは、そのサンプルテーマについて紹介しておきましょう。

執筆者 錦織幸知

本書で使用するサンプルテーマ

本書で使用するサンプルテーマ「Sample Test Theme」は、以下の通りです。このテーマは、自由に使用いただいて構いません。学習や検証で使うのはもちろん、個人ブログから商用のWebサイトまで、自由に利用可能です。サンプルテーマのダウンロード方法は、P.010を参照してください。

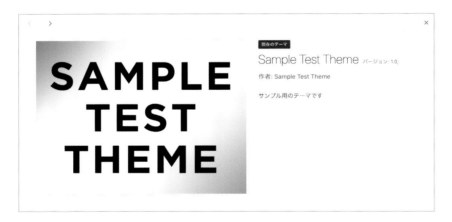

Sample Test Theme

サンプルテーマのファイル構造

サンプルテーマの構成は、次の図のようになっています。編集・改変・追加などをしやすくするため、一般的に配布されているテーマに比べ、シンプルな作りにしています。

図1 サンプルテーマのファイル構造

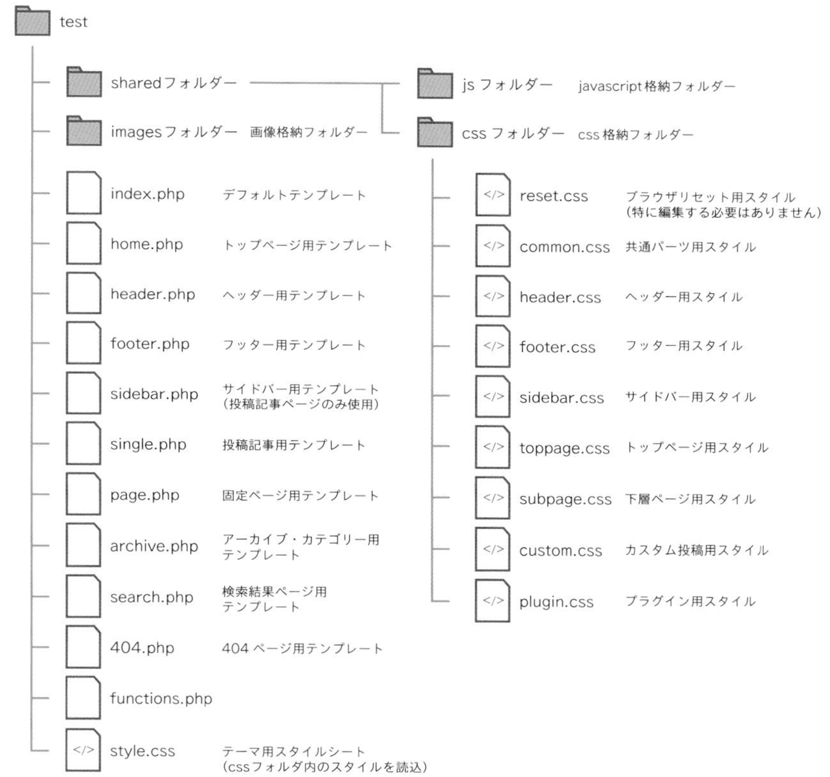

test

shared フォルダー ─────── js フォルダー　javascript格納フォルダー

images フォルダー　画像格納フォルダー ── css フォルダー　css格納フォルダー

index.php　デフォルトテンプレート

home.php　トップページ用テンプレート

header.php　ヘッダー用テンプレート

footer.php　フッター用テンプレート

sidebar.php　サイドバー用テンプレート
　　　　　　（投稿記事ページのみ使用）

single.php　投稿記事用テンプレート

page.php　固定ページ用テンプレート

archive.php　アーカイブ・カテゴリー用
　　　　　　テンプレート

search.php　検索結果ページ用
　　　　　　テンプレート

404.php　404ページ用テンプレート

functions.php

`</>` style.css　テーマ用スタイルシート
　　　　　　（cssフォルダ内のスタイルを読込）

`</>` reset.css　ブラウザリセット用スタイル
　　　　　　（特に編集する必要はありません）

`</>` common.css　共通パーツ用スタイル

`</>` header.css　ヘッダー用スタイル

`</>` footer.css　フッター用スタイル

`</>` sidebar.css　サイドバー用スタイル

`</>` toppage.css　トップページ用スタイル

`</>` subpage.css　下層ページ用スタイル

`</>` custom.css　カスタム投稿用スタイル

`</>` plugin.css　プラグイン用スタイル

　PHPやWordPressのテンプレートタグを記述しているところには、コメントもできるだけ併記しています。そのため、既存テーマのカスタマイズ時によくある、「このコードが何をやっているのかわからない」「変になると怖いから触れない」と感じることは少ないと思います。

functions.phpとは

　functions.phpは、対象のテーマに独自の機能や関数を記述しておくためのファイルです。**WordPressのテーマ内には、必ず1ファイル配置します。** functions.phpに記述したプログラムは、WordPressの様々な場面で呼び出せるため、カスタマイズの際に編集することがよくあります。便利な半面、記述方法を間違えてエラーを出すと、WordPress全体に影響し、サイトが表示されなくなることがあるので注意が必要です。そ

のため編集前には、**必ずコードをバックアップしておくと安心です。**
　サンプルテーマの初期状態のfunctions.phpは、以下の通りです。このファイルに新し
くPHPのコードを記述する際は、一番下の行に記述してください。

PHP ／wp-content/themes/test/functions.php

```php
<?php  //PHP開始タグ記述済み

//ページタイトル  ｜  サイト名の表示
add_theme_support( 'title-tag' );
function change_title_separator( $separator ) {
  $separator = '|'; return $separator;
}
add_filter( 'document_title_separator', 'change_title_separator' );

//theme.min.cssの読み込み
function style_theme_load() {
  add_theme_support( 'wp-block-styles' );
}
add_action( 'after_setup_theme', 'style_theme_load' );

//ウィジェット設定
function create_widgets_init() {
  register_sidebar( array(
    'name' => 'sidebar',
    'id' => 'sidebar-widgets',
  ) );
}
add_action( 'widgets_init', 'create_widgets_init' );
```

```
ここに追加する
```

Attention

functions.phpにコードを追加する際の注意点
functions.phpにPHPのコードを新しく記述する際、ファイルの先頭にはすで
にPHP開始タグ（ <?php ）が記入されているため、**ファイルの途中で開始タグ
（ <?php ）を新規で追加しないように注意してください。**記述すると、PHP
開始タグが重複するため、エラーの原因となります。

04 WordPressを ローカル環境で動かす

「local by flywheel」というツールを使って、パソコン上にローカル環境を作成し、そこで WordPressを動かしてみましょう。この方法ならWebサーバーやドメインを用意する必要 がなく、テストや練習などで気軽に使用できます。

執筆者 錦織幸知

「local by flywheel」をインストールする

WordPressをローカル環境で動かすツールである、「local by flywheel」をインストールするには、以下の公式サイトにアクセスして [DOWNLOAD] をクリックします。

▶local by flywheel
https://localwp.com/

❶ブラウザで「https://localwp.com/ 」へ アクセス　　❷ [DOWNLOAD]をクリック

プルダウンメニューから使用しているOS（WindowsかMac）を選び、名前、苗字、メールアドレス、電話番号を入力し [GET IT NOW!] をクリックすると、ダウンロードが始まります。

ファイルのダウンロードが完了したら、local.app（Windowsの場合はlocal.exe）をダブルクリックして起動します。インストール画面が表示されるので、[次へ] をクリックして進んでいくと、最後にインストールが始まります。なお、インストール途中でOSのセキュリティ警告が表示されたら、[アクセスを許可する]をクリックしてください。

「local by flywheel」の初期設定を行う

local by flywheelのインストールが完了したら早速、ローカル環境でWordPressを立ち上げてみましょう。local by flywheelの起動画面で［Create a new site］をクリックします。

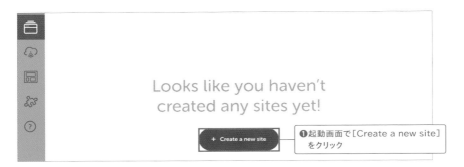

❶起動画面で［Create a new site］をクリック

設定画面が表示されるので、次の手順に従って、各項目を設定していきます。

□ サイトについて設定する

サイト名やURLを設定します。

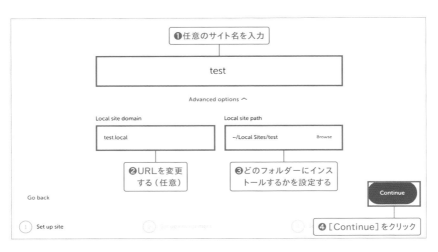

❶任意のサイト名を入力

❷URLを変更する（任意）

❸どのフォルダーにインストールするかを設定する

❹［Continue］をクリック

□ サーバーについて設定する

PHPやMySQLのバージョンを設定します。

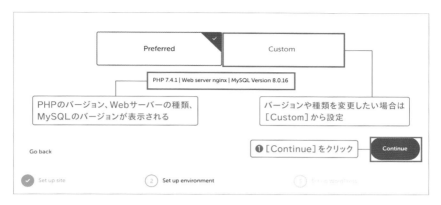

□ アカウントについて設定する

WordPressで使うアカウントを設定します。

 Attention

ユーザー名とパスワードは必ずメモすること

ここで設定したユーザー名とパスワードは、WordPress構築後に管理画面へログインする際に使用するので、忘れないようにメモしておきましょう。

これで、WordPressのローカル環境構築が完了しました。

「local by flywheel」の操作方法

local by flywheelの主な操作について紹介しておきます。

環境構築が完了したら、画面上の［WP Admin］をクリックすると管理画面のログイン、［Open site］をクリックすると実際のWebサイトが表示されます。

ローカルのサーバーを停止するには、［Stop site］をクリックします。

停止後は、同じ場所に表示される［Start site］をクリックすれば、再度サーバーが起動します。

local by flywheelで生成したWordPressのテーマファイル（テンプレートファイル）は、下記の場所に格納されています。テーマファイルの追加・編集をする場合は、この場所にファイルを保存してください。

▶テンプレートファイルの格納場所
~~~/サイト名/app/public/wp-content/themes

また、local by flywheelでは、複数のWordPressのローカル環境を構築することも可能です。用途やプロジェクトの数に合わせて、別々のWordPressサイトを用意できるので、とても便利です。

画面左下にある［＋］をクリックするとローカル環境の新規作成が可能

サンプルのテーマをインストールする

　作成したローカル環境に、P.010からダウンロードできる本書用のサンプルテーマをインストールします。

　P.010に記載しているURLからダウンロードしたデータを解凍します。「test」というフォルダーに、本書のカスタマイズ前のサンプルテーマが入っているので、インストールします。

　まずは、Local by flywheelで［Go to site folder］をクリックします。

　そうすると、WordPressのテーマファイルなどが格納されているフォルダーが表示されるので、「サイト名 > app > public > wp-content > themes」の順に進んでいきます。この「themes」フォルダー内に、ダウンロードした「test」フォルダーを入れてください。

これでテーマのインストールは完了です。WordPressの管理画面のメニューから［外観］→［テーマ］の順にクリックし、テーマが表示されていれば成功です。テーマを選択し、［有効化］をクリックしてください。

なお、この段階ではテーマファイルだけをインストールした状態のため、固定ページや投稿記事は存在しません。本書のこのあとの解説に沿って作成を進めてください。

⚠ **Attention**

サイトの設定を日本語に
Local by flywheelで生成したWordPressサイトは、初期状態だと英語設定になっています。日本語設定にしたい場合は、管理画面にログイン後、「設定」→「一般」の順に進み、「サイトの言語」を「日本語」に、タイムゾーンを「東京」に設定します。そして、画面下部にある［変更を保存］をクリックしてください。

ヘッダー／フッター／管理画面

01 ヘッダーのカスタマイズ① ～検索フォーム

WordPressは、様々なテンプレートパーツから構成されています。一般的なテーマでは、ヘッダー部分は「header.php」というテンプレートが担います。まずはヘッダーのカスタマイズとして、検索フォームの設置方法を紹介します。

執筆者 五十嵐小由利（株式会社マジカルリミックス）

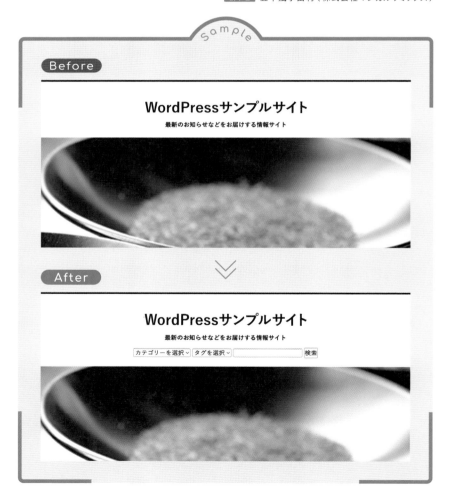

サイト内検索フォームを設置する

　サイト内検索フォームは、コンテンツが多ければ多いほど、必須であるといえます。WordPressには、標準仕様のサイト内検索フォームが存在するので、「難しいことはわからない」という場合でも、ひとまず標準仕様のサイト内検索フォームを導入しておくといいでしょう。

Chapter 1

□ WordPress標準仕様のサイト内検索フォームを読み込む

　標準仕様のサイト内検索フォームを設置する場合、ヘッダー部分の**header.php**テンプレートで、設置したい場所に**関数「get_search_form()」**を記述します。

PHP　/wp-content/themes/test/header.php

```php
<?php get_search_form(); ?>
```

　get_search_form()は、テーマのテンプレートファイル「searchform.php」を使用して、サイト内検索フォームを表示する関数です。もしテーマ内に、searchform.phpがなければ、WordPress標準仕様のサイト内検索フォームが表示されます。

　出力されるHTMLコードは下記になります。

HTML

```html
<form role="search" method="get" id="searchform" class="searchform"
action="https://sample.nijyuman.com/">
    <div>
        <label class="screen-reader-text" for="s">検索:</label>
        <input type="text" value="" name="s" id="s">
        <input type="submit" id="searchsubmit" value="検索">
    </div>
</form>
```

□ 自作の検索フォームを読み込む

　自分で作ったサイト内検索フォームを使いたい場合は、テンプレートファイル「searchform.php」を作成します。テーマ内に、searchform.phpがあれば、関数「get_search_form()」はWordPress標準仕様のサイト内検索フォームではなく**searchform.phpを読み込みます。**

　まずは、WordPress標準仕様のサイト内検索フォームと同じ出力となるよう、searchform.phpにコードを書きましょう。

```
PHP   /wp-content/themes/test/searchform.php
```

```php
<form role="search" method="get" id="searchform" class="searchform"
action="<?php echo home_url(); ?>">
    <div>
        <label class="screen-reader-text" for="s">検索:</label>
        <input type="text" value="<?php the_search_query(); ?>"
name="s" id="s">
        <input type="submit" id="searchsubmit" value="検索">
    </div>
</form>
```

　searchform.phpにサイト内検索フォームを記述する場合、最低限満たすべきルールがあります。必ず満たすようにしましょう。
- form要素のmethodには、GETを使用すること
- form要素のaction属性には、WordPressのホームURLを指定すること
- name属性が「s」のinput要素と、そのinput要素に対するlabelを含めること

　自分で検索フォームを作ると自由なHTML構造にできたり、要素にclassを追加できたりするので、CSSでの装飾がしやすくなります。

□「カテゴリー」や「タグ」による絞り込み機能を付ける

　「カテゴリー」や「タグ」による絞り込み程度なら、WordPressの標準機能で実現可能です。もし、複数の検索条件を組み合わせた絞り込みを行いたいなら、複雑なコードを書くか、もしくは、プラグインを使用する必要があります。プラグインとは、WordPressをカスタマイズするための拡張機能のことです。プラグインの詳細については、後述します。

　関数「wp_dropdown_categories()」を使うと、セレクトボックスによるカテゴリーリストを表示します。

```
PHP   カテゴリー絞り込み
```

```php
<?php $argument = array(
    'show_option_none' => 'カテゴリーを選択',
    'orderby'     => 'name', //カテゴリーをソートするためのキー項目
    'hide_empty'       => 0 //投稿のないカテゴリーを表示する (1/true) または、
しない (0/false)
);
wp_dropdown_categories($argument); ?>
```

　タグの場合は、カテゴリーと違って便利な関数がありません。foreach文を使ってループさせることで、optionを表示させます。foreach文は、配列に含まれる各要素の値をループで順番に取り出して処理を実行する構文です。配列の要素の数だけ繰り返し処理を実行したら、ループが終了するという特徴があります。

PHP タグ絞り込み

```php
<?php $tags = get_tags(); //タグ取得
if($tags){ ?>
    <select name="tag" id="tag">
    <option value="" selected="selected">タグを選択</option>
    <?php foreach($tags as $tag){ //ループ処理開始 ?>
        <option value="<?php echo esc_html($tag->slug); ?>"><?php
echo esc_html($tag->name); ?></option>
    <?php } //ループ処理終了 ?>
    </select>
<?php } ?>
```

　カテゴリー絞り込みとタグ絞り込みのコードを、先ほど作ったsearchform.phpのサイト内検索フォームに組み込みます。

PHP /wp-content/themes/test/searchform.php

```php
<form role="search" method="get" id="searchform" class="searchform"
action="<?php echo home_url(); ?>">
    <div>
        <label class="screen-reader-text" for="s">検索:</label>
        <?php $argument = array(
            'show_option_none' => 'カテゴリーを選択',
            'orderby'          => 'name',
            'hide_empty'       => 0
        );
        wp_dropdown_categories($argument);
        $tags = get_tags();
        if($tags){ ?>
            <select name="tag" id="tag">
            <option value="" selected="selected">タグを選択</option>
            <?php foreach($tags as $tag){ ?>
                <option value="<?php echo esc_html($tag->slug);
?>"><?php echo esc_html($tag->name); ?></option>
            <?php } ?>
            </select>
        <?php } ?>
        <input type="text" value="<?php the_search_query(); ?>"
name="s" id="s">
        <input type="submit" id="searchsubmit" value="検索">
    </div>
</form>
```

カテゴリー絞り込みの
コードを貼り付け

タグ絞り込みのコードを
貼り付け

　これで、カテゴリー・タグ絞り込み機能が付いた、検索フォームが表示されます。

02 ヘッダーのカスタマイズ②〜ナビゲーション

ナビゲーションがあると、ユーザーは目的のページをすぐに見つけられます。ナビゲーションが不足していたり、わかりにくかったりするWebサイトでは、ユーザーはすぐに違うサイトに行ってしまうので、ナビゲーションの設置方法を押さえておきましょう。

執筆者 五十嵐小由利（株式会社マジカルリミックス）

ナビゲーションを設置する

ナビゲーションとは、Webサイトの主要コンテンツをまとめたリンクのことです。WordPressの**「ナビゲーションメニュー」機能**（「カスタムメニュー」機能ということもあります）を使うと、ナビゲーションを表示できます。この機能は、管理画面から簡単に操作でき、特定の投稿や固定ページを任意の場所に表示できるものです。またナビゲーションメニューは、複数設置することも可能です。

□ ナビゲーションメニューを有効化する

ナビゲーションメニューは、デフォルトでは有効になっていないので、まずは機能を有効化することから始めましょう。なお、使用しているテンプレートによってはデフォルトで有効になっている場合もあります。

複数のナビゲーションメニューを登録する**関数「register_nav_menus()」**を使い、ナビゲーションメニューを有効化します。この処理は、WordPressにおける機能を拡張・変更するテンプレートファイル**「functions.php」**に記述します。

PHP /wp-content/themes/test/functions.php

```php
//外観 > メニュー有効化
function register_menu() {
    register_nav_menus(array(
        //'メニューの位置の識別子' => 'メニューの名前(説明)',
        'header_menu' => 'ヘッダーナビ',
        'footer_menu' => 'フッターナビ',
    ));
}
add_action('after_setup_theme', 'register_menu');
```

このコードでは、ヘッダーとフッターに表示する、以下の2つのナビゲーションメニューを使えるようにしています。

表1 作成する2つのナビゲーションメニュー

作成項目	「メニューの位置」の識別子	「メニューの位置」に表示される名前（説明）
1つめのナビゲーションメニュー	header_menu	ヘッダーナビ
2つめのナビゲーションメニュー	footer_menu	フッターナビ

ナビゲーションメニューをもっと増やしたい場合は、次の要領で追加できます。

PHP

```
'menu_01' => 'メニュー01',
'menu_02' => 'メニュー02',
'menu_03' => 'メニュー03',
'menu_04' => 'メニュー04',
```

これで、ナビゲーションメニュー機能が使えるようになります。

機能を有効化する前は、管理画面の［外観］の下に、［メニュー］はありません。有効化すると、［メニュー］が追加されます。

□「ナビゲーションメニュー」に対応するメニューを作成する

ナビゲーションメニュー機能を有効化しただけでは、実際に表示する「メニュー」は作成されません。そのため、ナビゲーションメニューに対応する、「メニュー」を作成しましょう。なおここでは、メニューに表示する固定ページは、作成済みである前提とします。固定ページとは、「投稿」とは異なり、カテゴリーやタグなどに属さず独立しているページのことです。詳細は、Chapter 3-01（P.138）で解説します。また、固定ページの作成方法については、Chapter 7-07（P.306）を参考にしてください。

ヘッダー/フッター/管理画面

新しくメニューを作成するには、まずはメニュー名を入力し、[メニューを作成]をクリックします。なおこの「メニュー名」は、関数「wp_nav_menu()」のパラメーター「menu」の値として使われます。

Attention

メニューがすでに作成されている場合は

場合によっては、メニュー作成前に、作成した覚えのないメニューが表示されていることもあります。しかし、このメニューを編集・変更することはできるので、安心してください。

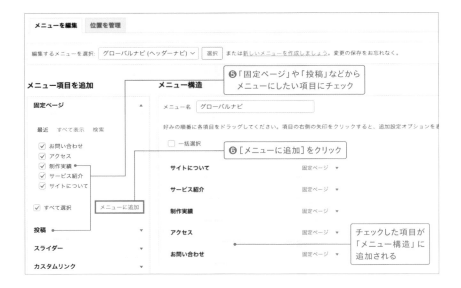

なお、メニュー構造内の各項目は、ドラッグすると順番を入れ替えられます。また、左右にドラッグして階層を設定することも可能です。

　P.033で解説したように、関数「register_nav_menus()」を使いナビゲーションメニューを作成した場合、パラメーターで指定したメニューの名前（説明）が表示されます。現在設定しているメニューと有効化したナビゲーションメニューとを関連付けするため、「メニューの位置」にチェックを入れましょう。この設定は、ナビゲーションメニューを表示する際に使います。

サイトについて	固定ページ ▼
サービス紹介	固定ページ ▼
制作実績	固定ページ ▼
アクセス	固定ページ ▼
お問い合わせ	固定ページ ▼

ニューに追加

　一括選択　選択した項目を削除

メニュー設定

固定ページを自動追加　　□ このメニューに新しいトップレベルページを自動的に追加

メニューの位置　　☑ ヘッダーナビ
　　　　　　　　　□ フッターナビ（現在の設定：フッターナビ）　　❼対象の「メニューの位置」をチェック

メニューを削除　　　　　　　　　　　　❽［メニューを保存］をクリック　　　メニューを保存

□ テンプレートを編集する

　最後に、**関数「wp_nav_menu()」**を使い、作った「メニュー」を表示しましょう。header.phpに以下の記述を追加します。

PHP　　/wp-content/themes/test/header.php

```
<nav class="site-header-nav">
<?php
//メニュー表示(header)
wp_nav_menu(array(
    'theme_location'    => 'header_menu',
    'container'         => false,
    'items_wrap'        => '<ul class="list">%3$s</ul>',
));
?>
</nav>
```

　複数のナビゲーションメニューを登録している場合は、「theme_location」にメニューの位置の識別子を指定します。上記の場合は、「ヘッダーナビ」のメニューの位置の識別子である「header_menu」が入ります。

そのほか、wp_nav_menu()で設定できるパラメーターは以下のようになります。好みに合わせて設定してみましょう。

表2 wp_nav_menu()で設定できるパラメーター

キー	初期値	内容
menu	なし	add_theme_support('menus') でメニューを有効化してメニューを作成した場合に使用。theme_locationを指定した場合は使用しない
menu_class	menu	メニューを構成するul要素のID名
menu_id	{メニューのスラッグ}-{連番}	メニューを構成するul要素のID名
container	div	メニューのul要素を囲う要素を指定。divまたはnav。なしにする場合はfalseを指定
container_class	menu-{メニューのスラッグ}-container	メニューのul要素を囲う要素のclass名
container_id	なし	メニューのul要素を囲う要素のID名
fallback_cb	wp_page_menu	メニューが存在しない場合にコールバック関数を呼び出す
before	なし	リンクの前に出力する文字列
after	なし	リンクの後に出力する文字列
link_before	なし	リンク対象文字列の前に出力する文字列
link_after	なし	リンク対象文字列の後に出力する文字列
echo	true	メニューをHTML出力する(true)かPHPの値で返す(false)かを設定
depth	0	何階層まで表示するかを設定。0は全階層となる
walker	new Walker_Nav_Menu	カスタムウォーカーを使用する場合に設定
theme_location	なし	メニューの位置の識別子を指定
items_wrap	`<ul id="%1$s" class="%2$s">%3$s</ul>`	メニューアイテムのラップの仕方。%1$sには'menu_id'のパラメーター、%2$sには'menu_class'のパラメーター、%3$sはリストの項目が値として展開される

今回の場合、出力されるHTMLコードは次のようになります。

`HTML`

```
<nav class="site-header-nav">
    <ul class="list">
```

<li id="menu-item-18" class="menu-item menu-item-type-
post_type menu-item-object-page menu-item-18"><a href="https://
sample.nijyuman.com/about/">サイトについて</a></li>
        <li id="menu-item-17" class="menu-item menu-item-type-post_
type menu-item-object-page menu-item-17"><a href="https://sample.
nijyuman.com/service/">サービス紹介</a></li>
        <li id="menu-item-16" class="menu-item menu-item-type-
post_type menu-item-object-page menu-item-16"><a href="https://
sample.nijyuman.com/works/">制作実績</a></li>
        <li id="menu-item-15" class="menu-item menu-item-type-
post_type menu-item-object-page menu-item-15"><a href="https://
sample.nijyuman.com/access/">アクセス</a></li>
        <li id="menu-item-14" class="menu-item menu-item-type-
post_type menu-item-object-page menu-item-14"><a href="https://
sample.nijyuman.com/contact/">お問い合わせ</a></li>
    </ul>
</nav>
```

 Point

### テンプレートに直接HTMLを書く方法もある

ナビゲーションを表示したい箇所に、直接HTMLを書き込むこともできます。たとえばグローバルナビを追加したい場合は、header.phpに下記のようなHTMLを記述します。

**HTML** /wp-content/themes/test/header.php

```
<nav class="site-header-nav">
    <ul class="list">
        <li><a href="/about/">サイトについて</a></li>
        <li><a href="/service/">サービス紹介</a></li>
        <li><a href="/works/">制作実績</a></li>
        <li><a href="/access/">アクセス</a></li>
        <li><a href="/contact/">お問い合わせ</a></li>
    </ul>
</nav>
```

HTMLを理解している場合は、このほうが楽だと感じるかもしれません。しかしこの手法では、ナビゲーションを変更するたびにテンプレートを編集する必要があります。せっかくWordPressでサイトを構築したのですから、WordPressの「ナビゲーションメニュー」機能を使って、ナビゲーションを表示してみることをおすすめします。
```

ナビゲーションをレスポンシブ化する

　レスポンシブとは、パソコンやスマートフォン、タブレットなどのデバイスサイズに関係なく、1つのWebサイトで見やすく最適な表示にすることです。横並びのナビゲーションは、パソコンなどの横幅の広いデバイスで見たときには美しく見えます。しかしスマートフォンのような、横幅の狭いデバイスで見たときには、文字の折返しが発生して非常に見にくくなります。そのため、ナビゲーションをレスポンシブ化する必要が生じます。横並びから縦並びに並べ替えたり、クリックで開閉するハンバーガーメニューに変化させたりと、様々なレスポンシブ対応があります。

　今回は、jQueryを使ったハンバーガーメニューでナビゲーションをレスポンシブ化していきます。**ハンバーガーメニュー**とは、主にスマートフォンやタブレット端末における、ナビゲーションメニューの表示形式の1つです。横線3本のデザインが、ハンバーガーに似ていることから名付けられました。

　まずは、ハンバーガーメニューを表示するため、header.phpにHTMLを追記しましょう。

HTML /wp-content/themes/test/header.php

```
<a class="site-header-toggle" href="javascript:;">
<!-- メニュー開閉ボタンとするため、リンク先指定なしの状態 -->
<span></span>
<span></span>
<span></span>
</a>
```

　続いて、ハンバーガーメニュー表示のためのCSSを、**header.css**に書きましょう。本CSSを記述すると、パソコンでは非表示となり、スマートフォン・タブレット表示では画面左上に表示されます。

Chapter 1

```css
.site-header .site-header-
toggle {
  display: none;
}

@media screen and (max-width:
768px) {
  .site-header .site-header-
toggle,
  .site-header .site-header-
toggle span {
    display: block;
    -webkit-transition: all
0.4s;
    transition: all 0.4s;
    -webkit-box-sizing:
border-box;
              box-sizing:
border-box;
  }
}

.site-header .site-header-
toggle {
  background-color: #000; /*
色コード変更でハンバーガーメニュー(通常と
き)の背景色を変更可能 */
  position: absolute;
  top: 0;
  right: 0;
  width: 36px;
  height: 34px;
  padding: 24px;
  -webkit-box-sizing: content-
box;
              box-sizing: content-
box;
  z-index: 9999;
}

@media screen and (max-width:
768px) {
  .site-header .site-header-
toggle {
    width: 20px;
    height: 18px;
    padding: 14px;
  }
}
```

```css
}

.site-header .site-header-
toggle span {
  position: absolute;
  left: 24px;
  width: calc(100% - (24px *
2));
  height: 6px;
  background-color: #fff; /*
色コード変更でハンバーガーメニュー(通常と
き)の横線3本の色を変更可能 */
}

@media screen and (max-width:
768px) {
  .site-header .site-header-
toggle span {
    left: 14px;
    width: calc(100% - (14px *
2));
    height: 2px;
  }
}

.site-header .site-header-
toggle span:nth-of-type(1) {
  top: 26px;
  -webkit-animation: menu-
bar01 0.75s forwards;
              animation: menu-
bar01 0.75s forwards;
}

@media screen and (max-width:
768px) {
  .site-header .site-header-
toggle span:nth-of-type(1) {
    top: 16px;
  }
}

.site-header .site-header-
toggle span:nth-of-type(2) {
  top: 38px;
  -webkit-transition: all 0.25s
0.25s;
  transition: all 0.25s 0.25s;
```

ヘッダー／フッター／管理画面

```
  opacity: 1;
}

@media screen and (max-width:
768px) {
  .site-header .site-header-
toggle span:nth-of-type(2) {
    top: 22px;
  }
}

.site-header .site-header-
toggle span:nth-of-type(3) {
  bottom: 26px;
  -webkit-animation: menu-
bar02 0.75s forwards;
          animation: menu-
bar02 0.75s forwards;
}

@media screen and (max-width:
768px) {
  .site-header .site-header-
toggle span:nth-of-type(3) {
    bottom: 16px;
  }
}

.site-header .site-header-
toggle.is-active {
  background-color: #000; /*
色コード変更でハンバーガーメニュー（クリッ
ク時）の背景色を変更可能 */
}

.site-header .site-header-
toggle.is-active span {
  background-color: #fff; /*
色コード変更でハンバーガーメニュー（クリッ
ク時）の横線3本の色を変更可能 */
}
```

```
.site-header .site-header-
toggle.is-active span:nth-of-
type(1) {
  top: 30px;
  -webkit-animation: active-
menu-bar01 0.75s forwards;
          animation: active-
menu-bar01 0.75s forwards;
}

@media screen and (max-width:
768px) {
  .site-header .site-header-
toggle.is-active span:nth-of-
type(1) {
    top: 14px;
  }
}

.site-header .site-header-
toggle.is-active span:nth-of-
type(2) {
  opacity: 0;
}

.site-header .site-header-
toggle.is-active span:nth-of-
type(3) {
  bottom: 30px;
  -webkit-animation: active-
menu-bar03 0.75s forwards;
          animation: active-
menu-bar03 0.75s forwards;
}

@media screen and (max-width:
768px) {
  .site-header .site-header-
toggle.is-active span:nth-of-
type(3) {
    bottom: 14px;
  }
}
```

　グローバルナビゲーション表示のためのCSSです。パソコン表示では横並び、スマート
フォン・タブレット表示ではハンバーガーメニューのため縦並びになります。

Chapter 1

```css
.site-header .site-header-nav
.list {
  display: -webkit-box;
  display: -webkit-flex;
  display: -ms-flexbox;
  display: flex;
  -webkit-flex-wrap: wrap;
      -ms-flex-wrap: wrap;
          flex-wrap: wrap;
  -webkit-box-pack: center;
  -webkit-justify-content:
center;
      -ms-flex-pack: center;
          justify-content:
center;
  -webkit-box-align: center;
  -webkit-align-items: center;
      -ms-flex-align: center;
          align-items: center;
}

.site-header .site-header-nav
.list li {
  -webkit-align-self: stretch;
      -ms-flex-item-align:
stretch;
              -ms-grid-row-
align: stretch;
          align-self: stretch;
  text-align: center;
  font-size: 18px;
  font-weight: bold;
}

@media screen and (max-width:
768px) {
  .site-header .site-header-
nav .list li {
    width: 100% !important;
    height: auto;
    border-bottom: #cccccc 1px
solid;
    text-align: center;
  }
}
```

```css
.site-header .site-header-nav
.list li a {
  display: block;
  padding: 13px 1.0em 13px;
  color: #000;
}

@media screen and (max-width:
768px) {
  .site-header .site-header-
nav .list li a {
    padding: 1.0em .5em;
  }
}

.site-header .site-header-nav
.list li:last-child a {
  color: #000;
}

@media screen and (max-width:
768px) {
  .site-header .site-header-
nav {
    background-color:
rgba(255, 255, 255, 0.8);
    position: absolute;
    left: 0;
    top: -4px;
    width: 100%;
    -webkit-transform:
translateY(-100%);
            transform:
translateY(-100%);
    -webkit-transition: 0.4s;
    transition: 0.4s;
  }
  .site-header .site-header-
nav.is-active {
    -webkit-transform:
translateY(0);
            transform:
translateY(0);
    z-index: 1;
  }
}
```

ハンバーガーメニューをクリックしたときのアニメーションのためのCSSです。開始（0%）から終了（100%）までのアニメーションを指定しています。

CSS /wp-content/themes/test/shared/css/header.css

```
@-webkit-keyframes menu-bar01
{
  0% {
    -webkit-transform:
translateY(8px) rotate(45deg);
            transform:
translateY(8px) rotate(45deg);
  }
  50% {
    -webkit-transform:
translateY(8px) rotate(0);
            transform:
translateY(8px) rotate(0);
  }
  100% {
    -webkit-transform:
translateY(0) rotate(0);
            transform:
translateY(0) rotate(0);
  }
}
@keyframes menu-bar01 {
  0% {
    -webkit-transform:
translateY(8px) rotate(45deg);
            transform:
translateY(8px) rotate(45deg);
  }
  50% {
    -webkit-transform:
translateY(8px) rotate(0);
            transform:
translateY(8px) rotate(0);
  }
  100% {
    -webkit-transform:
translateY(0) rotate(0);
            transform:
translateY(0) rotate(0);
  }
}

@-webkit-keyframes menu-bar02
{
  0% {
    -webkit-transform:
translateY(-8px) rotate(-
45deg);
            transform:
translateY(-8px) rotate(-
45deg);
  }
  50% {
    -webkit-transform:
translateY(-8px) rotate(0);
            transform:
translateY(-8px) rotate(0);
  }
  100% {
    -webkit-transform:
translateY(0) rotate(0);
            transform:
translateY(0) rotate(0);
  }
}

@keyframes menu-bar02 {
  0% {
    -webkit-transform:
translateY(-8px) rotate(-
45deg);
            transform:
translateY(-8px) rotate(-
45deg);
  }
  50% {
    -webkit-transform:
translateY(-8px) rotate(0);
            transform:
translateY(-8px) rotate(0);
  }
  100% {
    -webkit-transform:
translateY(0) rotate(0);
            transform:
translateY(0) rotate(0);
  }
}
```

```
@-webkit-keyframes active-
menu-bar01 {
  0% {
    -webkit-transform:
translateY(0) rotate(0);
            transform:
translateY(0) rotate(0);
  }
  50% {
    -webkit-transform:
translateY(8px) rotate(0);
            transform:
translateY(8px) rotate(0);
  }
  100% {
    -webkit-transform:
translateY(8px) rotate(45deg);
            transform:
translateY(8px) rotate(45deg);
  }
}

@keyframes active-menu-bar01 {
  0% {
    -webkit-transform:
translateY(0) rotate(0);
            transform:
translateY(0) rotate(0);
  }
  50% {
    -webkit-transform:
translateY(8px) rotate(0);
            transform:
translateY(8px) rotate(0);
  }
  100% {
    -webkit-transform:
translateY(8px) rotate(45deg);
            transform:
translateY(8px) rotate(45deg);
  }
}

@-webkit-keyframes active-
menu-bar03 {
  0% {
    -webkit-transform:
translateY(0) rotate(0);
            transform:
translateY(0) rotate(0);
  }
  50% {
    -webkit-transform:
translateY(-8px) rotate(0);
            transform:
translateY(-8px) rotate(0);
  }
  100% {
    -webkit-transform:
translateY(-8px) rotate(-
45deg);
            transform:
translateY(-8px) rotate(-
45deg);
  }
}

@keyframes active-menu-bar03 {
  0% {
    -webkit-transform:
translateY(0) rotate(0);
            transform:
translateY(0) rotate(0);
  }
  50% {
    -webkit-transform:
translateY(-8px) rotate(0);
            transform:
translateY(-8px) rotate(0);
  }
  100% {
    -webkit-transform:
translateY(-8px) rotate(-
45deg);
            transform:
translateY(-8px) rotate(-
45deg);
  }
}
```

最後に、ハンバーガーメニューを動かすためのjQueryを、**common.js**に書きましょう。

JavaScript /wp-content/themes/test/shared/js/common.js

```javascript
var $SPToggle = $('.site-header-toggle');
var $SPMenu = $('.site-header-nav');

function SPMenuToggle() {
  $SPToggle.toggleClass('is-active');
  $SPMenu.toggleClass('is-active');
}

$(function(){
  $SPToggle.on('click',SPMenuToggle);
});
```

- class「.site-header-toggle」を持つ要素（ハンバーガーメニュー）とclass「.site-header-nav」を持つ要素（グローバルナビゲーション）を変数に入れます。
- 変数にclass「.is-active」の切り替えを指定し、関数（SPMenuToggle）に入れます。
- 変数（ハンバーガーメニュー）をクリックしたら関数が発動します。

コードが正しく機能すれば、下記のように表示されます。

03 ヘッダーのカスタマイズ③ 〜メガメニュー

サイトのコンテンツ量が非常に多いと、通常のナビゲーションでは収まりきらない場合もあります。そんなときは、ナビゲーションをメガメニューにしてみましょう。メガメニューは、クリックまたはマウスオーバーで開く、広い領域を持ったナビゲーションです。

執筆者 五十嵐小由利（株式会社マジカルリミックス）

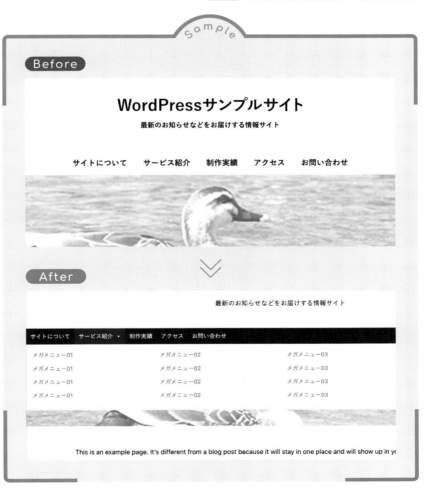

ナビゲーションをメガメニューにする

　メガメニューとは、クリックまたはマウスオーバーで開く、Webサイトのナビゲーションメニューの一種です。通常のメニューに比べて非常に大きなスペースを持ち、画面の半分以上を占めることもあります。メニュー領域を広くすることで、階層化したページリンクを一目でわかりやすく表示したり、写真やアイコンをメニュー内に表示してユーザビリティを高めたりすることが可能です。ナビゲーションをメガメニューにするには、**プラグイン「 Max Mega Menu 」**を使用します。

　プラグインとは、WordPressをカスタマイズするための拡張機能のことです。WordPressでは、無料から有料のものまで、何万ものプラグインが配布されています。プラグインを使うと、PHPの知識がない利用者でも、管理画面から項目を入力するだけで簡単にWordPressをカスタマイズできます。

表1　使用するプラグイン

プラグイン名	URL
Max Mega Menu	https://ja.wordpress.org/plugins/megamenu/

ヘッダー／フッター／管理画面

 Attention

[有効化]をクリックするのを忘れた場合

プラグインのインストール後、[有効化]をクリックし忘れて別画面に移動してしまったとしても問題ありません。その場合は、管理画面のメニューから[プラグイン]をクリックして、インストール済みのプラグイン一覧を表示します。その後、対象プラグインの[有効化]をクリックしましょう。

　プラグインを有効にすると、[外観]の[メニュー]にある「メニュー項目を追加」に、「Max Mega Menu Settings」が追加されます。「Enable」にチェックが入っていると、メガメニューの設定が可能です。

　もしメガメニューにしたいメニューの「Enable」にチェックが入っていなかった場合は、チェックを入れてください。

メガメニューの設定項目は、以下の通りです。

表2 「Max Mega Menu Settings」の項目

設定項目	説明
Enable	チェックを入れるとメガメニューになる
Event	メガメニューの展開方法を設定（マウスオン・クリック）
Effect	メガメニュー展開時のエフェクトを選択
Effect (Mobile)	スマホ表示時のエフェクトを選択
Theme	テーマの選択（無料版では「Default」のみ）

　「メニュー構造」にあるメニューのうち、メガメニューにしたい項目にマウスオーバーすると「Mega Menu」と書かれたボタンが表示されます。

Point

Mega Menuの設定は管理画面からも可能

ここでは「外観」のメニューから行っていますが、Mega Menuの設定は、管理画面に追加される[Mega Menu]から行うこともできます。

Attention ─────────────

「Enable」にチェックを入れていない場合

もし、「Max Mega Menu Settings」の「Enable」にチェックが入っていない
状態で [Mega Menu] をクリックすると、「Please enable Max Mega Menu
using the settings on the left of this page.」というダイアログが表示され、
メガメニューは設定できません。本メッセージが表示されたら、「Enable」にチェッ
クが入っているかを確認しましょう。

メガメニューにしたい項目にマウスオーバーしたら表示される画面で、設定を行っていき
ましょう。

レイアウトの設定項目は、以下の通りです。レイアウトは、「Standard Layout」がおすすめです。

表3 「Max Mega Menu Settings」の項目

設定項目	説明
Mega Menu – Grid Layout	列ごとにメニューを振り分ける
Mega Menu – Standard Layout	列数とサイズを決めて、自動表示する

　メガメニューの細かいデザインは、プラグインを有効にしたことで管理画面に追加された[Mega Menu]の[Menu Themes]より設定できます。設定可能な箇所は親・子・孫メニュー・ウィジェットと多岐にわたるため、必要な箇所だけ設定しましょう。今回は、全体設定を行う「General Settings」と親階層の設定を行う「Menu Bar」について、紹介します。

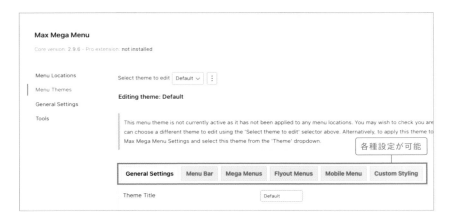

表4 「General Settings」の項目

項目名	説明
Theme Title	テーマのタイトル
Arrow	メニュー開閉の矢印のスタイルを選択
Line Height	行の高さ
Z Index	z-indexの指定
Shadow	メガメニューのドロップシャドウ
Hover Transitions	ホバー時のトランジションを有効にするかの設定
Reset Widget Styling	ウィジェットのCSSをリセット

表5 「Menu Bar」の項目

項目名	説明
Menu Height	メニューの高さ
Menu Background	メガメニュー全体の背景色
Menu Padding	メニューの余白
Menu Border Radius	メニューの枠線を角丸にする設定

「Menu Bar」の項目のうち、親メニューに関するものは以下の通りです。

表6 「Menu Bar」の「Top Level Menu Items」項目

項目名	説明
Menu Items Align	メニュー文の左・右・中央寄せ
Item Font	メニューのフォント設定
Item Font (Hover)	メニューのフォント（ホバー）
Item Background	メニューの背景
Item Background (Hover)	メニューの背景（ホバー）
Item Spacing	メニュー同士の間隔
Item Padding	アイテムのパディング
Item Border	アイテムの枠線
Item Border Radius	アイテムの枠線を角丸にする設定
Item Divider	メニュー間に仕切り線を表示する設定
Highlight Current Item	ホバー部分を強調する設定

そのほか、[Menu Themes]では下記の設定が可能です。
- [Mega Menus]：子・孫階層（サブメニュー）とウィジェットの設定
- [Flyout Menus]：メガメニュー化した部分の設定
- [Mobile Menu]：スマホ時の設定
- [Custom Styling]：カスタムCSSを入力

04 ヘッダーのカスタマイズ④ 〜ページタイトルの表示

Web上には膨大な数のコンテンツが存在します。ページタイトルは、ユーザーが目的のコンテンツを探し出すための最大の手がかりです。そのため、ヘッダーに、表示ページに合ったタイトルを表示するといいでしょう。

執筆者 五十嵐小由利（株式会社マジカルリミックス）

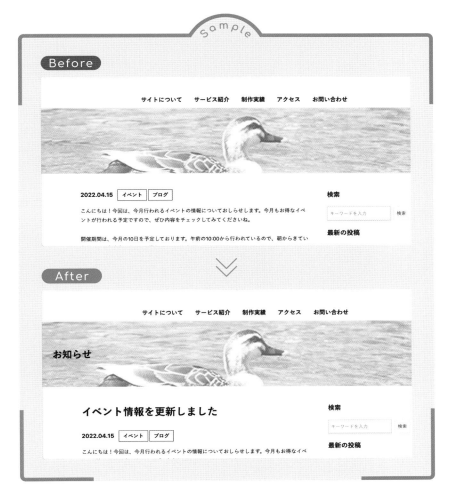

ヘッダーにページタイトルを表示する

WordPressには、ページタイトルについて設定できる関数がたくさんあります。適切なものを選択して、ページに合ったタイトルを表示するようにしましょう。

[表1] ページタイトル表示の主な関数

関数	説明
the_title()	ループの中で現在のページタイトルを表示
get_the_title()	指定ページのタイトルを取得（IDを指定しない場合は現在のページタイトル）
the_archive_title()	現在のアーカイブのタイトルを表示
get_the_archive_title()	現在のアーカイブのタイトルを取得

 Point

「the_」と「get_」の違い

関数にはthe_title()とget_the_title()など、書き方も効果も似たような関数があります。基本的には「**the_**」は**表示**で、「**get_**」は**取得**です。つまり、「the_」の関数は、**関数を書いた箇所に表示**されます。「get_」の関数は、変数に代入するなどして使い、出力のためにはechoが必要です。用途に応じて適切な関数を選びましょう。

ページタイトルは通常、header.phpに記載します。このときに、条件分岐を行えるif文を使い、ページによって出力内容を変更します。

PHP /wp-content/themes/test/header.php

```php
<h1>
<?php if(is_archive()) {//アーカイブページの場合
    echo get_the_archive_title();//アーカイブページのタイトルを取得しechoで出力
} elseif(is_search()) {//検索結果ページの場合  ?>
    検索:<?php echo get_search_query();//検索キーワードを取得しechoで出力
} else {//それ以外のページの場合
    echo get_the_title();//ページタイトルを取得しechoで出力
} ?>
</h1>
```

Point

条件分岐とは

条件分岐を使うと、変数や値などの条件によって処理を実行する・しないを制御できます。条件分岐を行うには、if文という記法を使います。

PHP

```
if(条件A) {
    条件Aが真であれば実行
} elseif(条件B) {
    条件Aが偽であり、条件Bが真であれば実行
} else {
    それ以外の条件であれば実行
}
```

if文は、()内の条件を満たす場合は{}内の処理を実行し、条件を満たさない場合は{}内の処理を実行しません。
また、条件を満たさない場合の条件分岐を指定するにはelseif{}、どの条件も満たさない場合を指定するにはelse{}を記述します。

投稿ページでは「タイトル」ではなく固定の文字列を表示する

　先ほどの記載でも問題はありませんが、投稿ページでは、ページのタイトルが非常に長くなる可能性があります。そのため、投稿ページではそれぞれのページタイトルではなく、「お知らせ」という固定の文字列を表示してみましょう。

PHP /wp-content/themes/test/header.php

```php
<h1>
<?php if(is_archive()) {//アーカイブページの場合
    echo get_the_archive_title();//アーカイブページのタイトルを取得しechoで出
力
} elseif(is_search()) {//検索結果ページの場合   ?>
    検索:<?php echo get_search_query();//検索キーワードを取得しechoで出力
} elseif(is_singular('post')) {// 投稿ページの場合
    echo 'お知らせ';
} else {//それ以外のページの場合
    echo get_the_title();//ページタイトルを取得しechoで出力
} ?>
</h1>
```

　is_singular('post')はis_single()と記述もできますが、後ほど出てくる「カスタム投稿」に対応するために、ここではis_singular('post')と記述します。

　なお、is_single()は個別投稿ページ用で、IDやスラッグによる指定が可能です。一方、is_singular()は個別投稿ページ以外に、固定ページ（is_page）も含みます。またis_single()とは異なり、IDやスラッグによる指定ができません。しかし、カスタム投稿を指定できます。このように、is_single()とis_singular()は挙動が異なるものなので、用途に合わせて使い分けるようにしましょう。

　上記のコード（header.php）の場合、投稿ページのタイトルがどこにも表示されなくなります。そこで、投稿ページ用テンプレートsingle.phpに、ページタイトル出力用の関数を追記しましょう。投稿ページのタイトルを表示するために、現在のページタイトルを表示する**関数「the_title()」**をsingle.phpに追記します。

PHP /wp-content/themes/test/single.php

```php
<?php
    if (have_posts()) {
        while(have_posts()) {
            the_post();
?>
<!-- 追記スタート -->
<h2><?php the_title(); ?></h2>
<!-- 追記エンド -->
<div class="date"><?php the_time('Y.m.j'); ?></div>
```

05 フッターのカスタマイズ①
～パンくずリスト

フッターもヘッダーと同様で、WordPressでのサイト構築に欠かせないパーツです。一般的なテーマでは、フッター部分は「footer.php」というテンプレートが担います。ここではまず、フッターのカスタマイズとして、パンくずリストを追加する方法を紹介します。

執筆者 五十嵐小由利（株式会社マジカルリミックス）

パンくずリストを付ける

パンくずリストとは、サイトを訪れたユーザーが今どこにいるかを、視覚的にわかりやすくした誘導表示のことです。ユーザービリティの面でも、SEO対策としても、非常に有効なので、なるべくサイトに設置するといいでしょう。

サイトの階層構造が単純なら、テンプレート**footer.php**に直接コードを書く方法が取れます。以下は、サイトのコンテンツのうち、第1階層までを記載した、簡単なパンくずリストです。

PHP /wp-content/themes/test/footer.php

```php
<ol>
    <li><a href="/">トップページ</a></li>
    <?php if(is_front_page() || is_home()) { ?><!-- サイトフロントページ、
もしくはブログ投稿インデックスページの場合  -->
    <!-- 出力なし -->
    <?php } elseif(is_archive()) { ?><!-- アーカイブページの場合  -->
        <li><?php echo get_the_archive_title(); ?></li><!-- アーカイブ
ページのタイトルを取得しechoで出力  -->
    <?php } else { ?><!-- それ以外のページの場合  -->
        <li><?php the_title(); ?></li><!-- ページタイトルを取得しechoで出力
-->
    <?php } ?>
</ol>
```

続いて、装飾のためのCSSを**footer.css**に書きましょう。

CSS /wp-content/themes/test/shared/css/footer.css

```css
.site-footer .site-footer-bread .site-footer-bread-body ol {
  padding: 12px 0;
  max-width: 1000px;
  margin: 0 auto;
  font-size: 12px;
}
.site-footer .site-footer-bread .site-footer-bread-body ol li {
  display: inline-block;
}
.site-footer .site-footer-bread .site-footer-bread-body ol li::after
{
  content: "/";
  margin: 0 1em;
}
.site-footer .site-footer-bread .site-footer-bread-body ol li:last-
child::after {
```

```
    display: none;
}
@media screen and (max-width: 768px) {
    .site-footer .site-footer-bread .site-footer-bread-body ol {
        padding: 12px 2.5%;
    }
}
```

コードが正しく機能すれば、パンくずリストが表示されます。

プラグインを使ってパンくずリストを付ける

　サイトのページ構造が複雑なら、プラグインを活用しましょう。パンくずリストを追加するプラグインなら、「 **Breadcrumb NavXT** 」が代表的です。

表1　使用するプラグイン

プラグイン名	URL
Breadcrumb NavXT	https://ja.wordpress.org/plugins/breadcrumb-navxt/

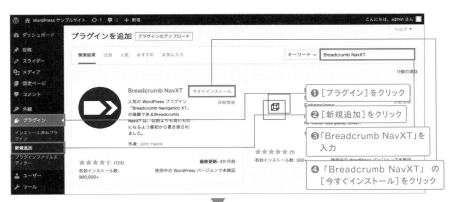

プラグインを有効にすると、［設定］に［Breadcrumb NavXT］が追加されます。

⑥ ［設定］→［Breadcrumb NavXT］の順にクリック

Breadcrumb NavXTの設定画面が表示された

基本的には、すべてデフォルトのままで問題ありませんが、「ホームページパンくず」の
ホームページテンプレートは、修正するのがおすすめです。ホームページテンプレートに記
述されている「%htitle%」のままでは、パンくずリストにサイト名が表示されてしまうため
です。

HTML ホームページテンプレート（変更前）

```
<span property="itemListElement" typeof="ListItem"><a
property="item" typeof="WebPage" title="Go to %title%."
href="%link%" class="%type%" bcn-aria-current><span
property="name">%htitle%</span></a><meta property="position"
content="%position%"></span>
```

%htitle%になっている

そのため「%htitle%」を、「トップページ」や「ホーム」のように、サイトの先頭のページを表す文言に変更するのがいいでしょう。

HTML ホームページテンプレート（変更後）

```
<span property="itemListElement" typeof="ListItem"><a
property="item" typeof="WebPage" title="Go to %title%."
href="%link%" class="%type%" bcn-aria-current><span
property="name">トップページ</span></a><meta property="position"
content="%position%"></span>
```

%htitle%を「トップページ」などに修正する

設定が完了したら、パンくずリストを表示させたい場所にコードを記述する必要があります。

PHP /wp-content/themes/test/footer.php

```
<?php if(function_exists('bcn_display')) {
    bcn_display();
} ?>
```

プラグインを使う方法は、テンプレートに直接書いた場合と見た目は同じです。しかし、サイト公開後にページ構造が複雑になっていってもテンプレートの修正が不要となるため、手間がかかりません。サイトの拡張が考えられる場合は、パンくずリストの追加はプラグインを使うといいでしょう。

06 フッターのカスタマイズ② ～地図の埋め込み

フッターに地図を埋め込む手法は、店舗や病院などのWebサイトで比較的よく使われます。会社の所在地が信頼性の獲得につながる場合は、積極的に導入してみるといいでしょう。

執筆者 五十嵐小由利（株式会社マジカルリミックス）

フッターに地図を表示する

　地図の表示には、**GoogleMap**を使います。GoogleMapは、共有コードを貼り付けるだけで地図が表示できるので、大変便利です。しかしGoogleMapは、**埋め込み用コードを設置するだけでは、レスポンシブになりません**。パソコンでは問題なく表示できても、スマホなどの画面幅が狭いデバイスでは、地図が縦長な表示になってしまいます。

　そこで、HTMLとCSSに一工夫を加えて、GoogleMapをレスポンシブ対応させましょう。まずは、footer.phpにGoogleMapを埋め込み、その親となるdivを追加します。

HTML /wp-content/themes/test/footer.php

```
<div class="googlemap_wrap">
    <iframe src="https://www.google.com/maps/embed?pb=!1m
14!1m12!1m3!1d25060.98793806818!2d140.86925854999998!3d38.
265037449999994!2m3!1f0!2f0!3f0!3m2!1i1024!2i768!4f13.1!5e0!
3m2!1sja!2sjp!4v1652846807415!5m2!1sja!2sjp" width="800"
height="600" style="border:0;" allowfullscreen="" loading="lazy"
referrerpolicy="no-referrer-when-downgrade"></iframe>
</div>
```

> GoogleMapの埋め込み
> GoogleMapの親divを追加

　続いて装飾のためのCSSを、footer.cssに書きましょう。

CSS /wp-content/themes/test/shared/css/footer.css

```
.site-footer .site-footer-bread .site-footer-bread-body .googlemap_
wrap {
    position: relative;
    height: 0;
    width: 100%;
    padding-top: 400px;/* 表示高さ */
}
.site-footer .site-footer-bread .site-footer-bread-body .googlemap_
wrap iframe {/* レスポンシブ対応 */
    position: absolute;
    top: 0;
    left: 0;
    width: 100%;
    height: 100%;
}
@media screen and (max-width: 768px) {
    .site-footer .site-footer-bread .site-footer-bread-body
.googlemap_wrap {
        padding-top: 300px;
    }
}
```

07 フッターのカスタマイズ③〜「ページ上部へ戻る」ボタン

最近のサイトは、ページをスクロールすると右下に、「ページ上部へ戻る」ボタンが表示されるのが当たり前になっています。このボタンを作るには、HTMLとCSSでボタンを作り、jQueryで動きを実装させるという、2つの工程があります。

執筆者 五十嵐小由利(株式会社マジカルリミックス)

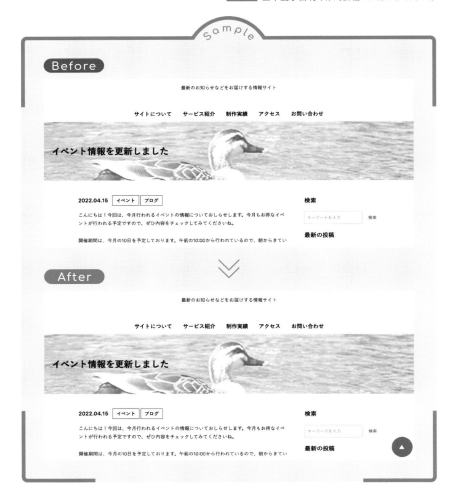

「ページ上部へ戻る」ボタンを追加する

　「ページ上部へ戻る」ボタンを追加するには、footer.phpにボタン表示用のHTMLを書きます。

HTML /wp-content/themes/test/footer.php

```
<div class="scroll-top">
    <button id="scroll-top"></button>
</div>
```

　続いて、装飾のためのCSSをfooter.cssに書きましょう。

CSS /wp-content/themes/test/shared/css/footer.css

```
.scroll-top #scroll-top {
  position: fixed;//固定されるよう
に
  bottom: 10px;
  right: 10px;
  background-color:
transparent;
  display: block;
  width: 70px;
  height: 70px;
  background: url(../../images/
ico-pagetop.svg) no-repeat
center;
  background-size: contain;
  border: 0;
}
.scroll-top #scroll-top:hover {
  opacity: 0.8;
}
@media screen and (max-width:
768px) {
  .scroll-top #scroll-top {
    width: 40px;
    height: 40px;
  }
}
```

　最後に、ボタンクリック後の動きを、common.jsに書きましょう。ここでは、0.5秒かけて「ページ上部へ戻る」指定をしています。

JavaScript /wp-content/themes/test/shared/js/common.js

```
$('#scroll-top').on('click',function(){
  $('body,html').animate({scrollTop: 0}, 500);
});
```

　もしも、もっとゆっくり戻って欲しい場合は「500」の数値を大きくしましょう。ただし、あまりに戻るのが遅いと閲覧者にストレスを与えてしまうので、ほどほどの数値がおすすめです。
　逆に数値を小さくすると、戻るスピードが速くなります。あまりに速いとアニメーションにする意味がなくなるので、注意してください。

08 フッターのカスタマイズ④ ～コピーライト

サイトの下部にコピーライトがあるのは、サイト内の記事や画像は自社が著作権を保有しているという意思表示です。この記載により無断転載を防ぐ一定の効果が得られます。ここでは、コピーライトのカスタマイズ方法を紹介します。

執筆者 五十嵐小由利（株式会社マジカルリミックス）

Sample

Before

トップページ

After

トップページ

コピーライトをカスタマイズする

コピーライトとは、著作権のことです。Webサイトのコピーライトに記載するべきものは、以下の3つです。

- **Copyright、もしくは©の記号**
- **著作権保持者の名前（個人名、企業名）**
- **著作物の発行年**

HTMLを使って最もシンプルに書くなら、下記のようになります。

HTML

```
<div class="site-footer-btm-copy">
    © WordPress Sample Site 2021
</div>
```

このHTMLを、そのままfooter.phpに書いてもいいのですが、せっかくWordPressで作ったサイトなので、カスタマイズしましょう。

□ サイトタイトルを関数で出力する

サイトの情報を表示させる**関数「bloginfo()」**を使うと、サイトタイトルを出力できます。

PHP /wp-content/themes/test/footer.php

```
<div class="site-footer-btm-copy">
    © <?php bloginfo('name'); ?> 2021
</div>
```

この「bloginfo('name')」という記述は、管理画面［設定］の［一般］で設定された、「サイトのタイトル」を表示するものです。本書のサンプルサイトの場合、出力されるHTMLコードは、下記になります。

HTML

```
<div class="site-footer-btm-copy">
    © WordPress サンプルサイト 2021
</div>
```

サイトタイトルがそのまま出力されるので、もしコピーライトを全て英語表記にしたいならこの関数は使わずに、英語タイトルを直接記入しましょう。

□ コピーライトにサイトの最終更新年を記載する

コピーライトに記載する年号は、著作物の発行年、つまりサイトの開設年です。サイトの開設年となると、多くの場合は古い年号が入るので、場合によっては「何年も更新されていない古いページだ」という印象を与える可能性があります。そこで、あえて発行年と最終更新年を記載する記述（YYYY – YYYY）にすることもあります。ただし、最終更新年をテンプレートに直接年号で書いてしまうと、毎年更新作業が発生してしまうので、PHPを使って自動で年号が更新されるようにしましょう。

PHP /wp-content/themes/test/footer.php

```php
<div class="site-footer-btm-copy">
    © WordPress Sample Site 2021 - <?php print(date('Y')); ?>
</div>
```

出力されるHTMLコードは下記になります。

HTML

```html
<div class="site-footer-btm-copy">
    © WordPress Sample Site 2021 - 2022
</div>
```

09 特定のページだけ
カスタマイズする

特定の記事やページのヘッダーやフッターだけにコードを挿入したいときには、header.phpやfooter.phpを編集し、if文を記述する必要があります。もしif文がわかりづらいなら、プラグインを使えば解決できます。

執筆者 五十嵐小由利（株式会社マジカルリミックス）

特定ページのヘッダーやフッターにコードを追加する

　プラグイン「Header Footer Code Manager」を使用し、テンプレートを編集することなく特定の記事やページのヘッダーもしくはフッターにだけコードを追加します。

表1 使用するプラグイン

プラグイン名	URL
Header Footer Code Manager	https://ja.wordpress.org/plugins/header-footer-code-manager/

ヘッダー／フッター／管理画面

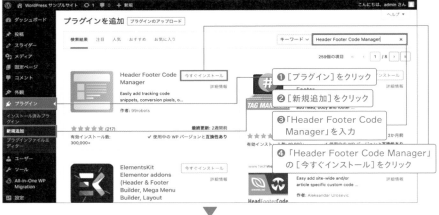

　プラグインを有効にすると、[HFCM]が追加されます。新規で追加する際は[Add New]をクリックします。

Add New Snippet

⚠ LIFETIME DEAL ALERT: The PRO version of this plugin is released and and available for a limited time as a one-time, exclusive lifetime deal. Want it? Click here to get HFCM

Snippet Name	
Snippet Type	HTML
Site Display	Site Wide
Exclude Pages	
Exclude Posts	
Location	Header
	Note: Snippet will only execute if the placement hook exists on the page
Device Display	Show on All Devices
Status	Active

サイドメニュー: ダッシュボード / 投稿 / メディア / 固定ページ / コメント / 商品紹介 / 外観 / プラグイン / ユーザー / ツール / 設定 / SEO / CPT UI / HFCM / All Snippets / Add New / Tools / メニューを閉じる

❻[HFCM]をクリック

❼[Add New]をクリック

Snippet Name	test
Snippet Type	CSS
Site Display	Specific Pages
Page List	サイトについて ✕
Location	Header
	Note: Snippet will only execute if the placement hook exists on the page
Device Display	Show on All Devices
Status	Active
Shortcode	[hfcm id="1"] Copy
Changelog	Snippet created by admin on 5月 19, 2022 at 10:55 am
	Last edited by admin on 5月 19, 2022 at 10:56 am

Snippet / Code

```
1  <style type="text/css">
2  .main-contents .post-area > p:first-child {
3    color: red;
4  }
5  </style>
```

設定項目が表示される

設定項目は、次の通りです。

表2 「Header Footer Code Manager」の設定項目

項目名	説明
Snippet Name	管理用の名前（任意）を入力
Snippet Type	挿入するタイプを選択
Site Display	コードの表示箇所を選択（Site Displayを変更すると、その下に表示される設定項目が変わる）
Location	コードを埋め込む場所を選択
Device Display	どのデバイスで表示されたときにコードを埋め込むのかを選択
Status	ステータスを選択
Snippet/Code	埋め込むコードを記入

　今回は特定ページのヘッダーに、CSSを追加してみましょう。そのため、設定値は以下のようになります。

表3 「Header Footer Code Manager」に設定する値

項目名	設定値
Snippet Type	「CSS」を選択
Site Display	「Specific Pages（特定の固定ページ）」を選択
Page List	Site DisplayでSpecific Pagesを選択したため、固定ページのリストが表示される。ヘッダーにHTMLコードを追加したいページを選ぶこと
Location	「Header（タグ内）」を選択
Device Display	「Show on All Device（すべてのデバイスで表示されたときに埋め込む）」を選択
Status	「Active」を選択。使わなくなったら「Inactive」を選択
Snippet/Code	CSSを入力

　「Snippet/Code」に入力するCSSは、以下とします。

CSS

```
<style type="text/css">
.main-contents .post-area > p:first-child {
    color: red;
}
</style>
```

　入力が終わったら、[Save]をクリックします。

10 管理画面のカスタマイズ

WordPressでは、テンプレートへの記述やプラグインを使うことで、管理画面のカスタマイズが可能です。管理画面を使いやすく調整すると、記事の作成や運営作業の効率化につながります。そこでまずは、ログイン画面のカスタマイズから紹介しましょう。

執筆者 五十嵐小由利 (株式会社マジカルリミックス)

ログイン画面をカスタマイズする

　初期状態のログイン画面は、WordPressのロゴとシンプルなフォームが表示されるだけのものです。WordPressを知らない人からすれば、サイトデザインとは違った印象のログイン画面に対して、警戒心を持つことがあるかもしれません。そのような場合でもサイトのロゴが使われていたり、サイトと同じカラーリングであったりすれば、ユーザーに安心感を持ってもらうことが可能です。

□ ロゴを変更する

　ログイン画面のロゴ画像を変更する場合は、変更したいロゴ画像をアップロードした後、functions.phpにコードを追加します。

PHP /wp-content/themes/test/functions.php

```php
function my_login_logo() { ?>
  <style type="text/css">
    #login h1 a, .login h1 a {
      background-image: url(<?php echo get_template_directory_
uri(); ?>/images/head-logo.svg);/* urlには画像のパスを指定 */
    }
  </style>
<?php }
add_action('login_enqueue_scripts', 'my_login_logo');
```

□ 背景を変更する

　ログイン画面をカスタマイズする際、通常のCSSと同様に外部ファイルを読み込み、そちら側で必要な修正をすることができます。style-login.cssを作成し、functions.phpにコードを追加します。

PHP /wp-content/themes/test/functions.php

```php
function my_login_stylesheet() {
  wp_enqueue_style('custom-login', get_stylesheet_directory_uri().
'/shared/css/style-login.css');
}
add_action('login_enqueue_scripts', 'my_login_stylesheet');
```

　背景の変更以外にも必要な修正があれば、この**style-login.css**へ書き込むことで対応が可能となります。たとえば、先ほど変更したロゴ画像が横長の場合、CSSの変更が必要となります。その変更もこのCSSファイルに書くことができます。

CSS /wp-content/themes/test/shared/css/style-login.css

```
body.login {
    background: #E0E5F8;
}
/* ロゴ変更に伴う修正 */
.login h1 a {
    background-size: 100%;
    width: 100%;
    height: auto;
}
```

プラグインを使ってログイン画面をカスタマイズする

　ログイン画面の編集についてテンプレートに書く手法を取りましたが、同じことがプラグインを使って設定可能です。**プラグイン「 Custom Login Page Customizer 」**を使用します。

表1 使用するプラグイン

プラグイン名	URL
Custom Login Page Customizer	https://ja.wordpress.org/plugins/login-customizer/

プラグインを有効にすると、[Login Customizer] が追加されます。同時に [外観] にも、[Login Customizer] が追加されます。[Login Customizer] の [Customizer] と、[外観] の [Login Customizer] では、リンク先は同じです。どちらも、外観のカスタマイズ画面にリンクしています。

右側にプレビュー表示されるので、表示確認を行いながらカスタマイズできます。

- ● Background：背景を変更できます。
- ● Logo：ロゴ画像、サイズ・位置、リンク先が変更できます。

　設定が完了したら、[公開] をクリックします。背景やロゴ以外にもフォームやテキストカラーなど、様々なカスタマイズが可能です。

管理画面のメニューを編集する

　ログイン画面のカスタマイズ方法を紹介したので、続いて、WordPressで管理画面をカスタマイズする方法も紹介しておきましょう。
　管理画面のメニューを追加・修正したり並べ替えたりしたい場合は、**プラグイン「 Admin Menu Editor 」**を使用します。

[表2] **使用するプラグイン**

プラグイン名	URL
Admin Menu Editor	https://ja.wordpress.org/plugins/admin-menu-editor/

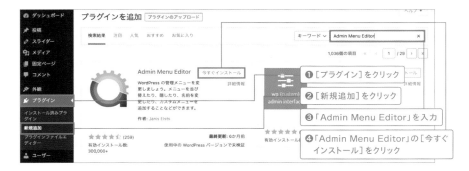

プラグインを有効にすると、[設定]に[Menu Editor]が追加されます。

　左が親メニューの項目一覧で、右が子メニューの項目一覧です。ドラッグ＆ドロップで移動できます。メニューの変更後は[Save Changes]をクリックして保存します。また[Load default menu]をクリックすると、変更した内容を元に戻せるので、変更しすぎてよくわからなくなってしまった場合は一旦元に戻しましょう。

記事やカテゴリーを並べ替える

　WordPressの標準仕様では、記事やカテゴリーを任意の順番で並べ替えることができないので、並べ替えの方法についても紹介しておきましょう。**プラグイン「Intuitive Custom Post Order」**を使ってドラッグ＆ドロップで並べ替えができるようにします。

表1　使用するプラグイン

プラグイン名	URL
Intuitive Custom Post Order	https://ja.wordpress.org/plugins/intuitive-custom-post-order/

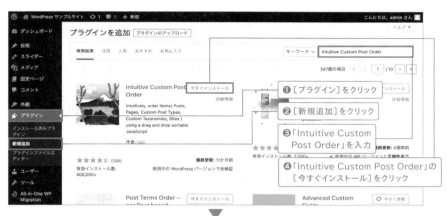

　プラグインを有効にすると、[設定]に[並び替え設定]が追加されます。並べ替えしたい項目にチェックを入れて、[更新]をクリックします。このときに表示されるチェック項目は、仕様テーマやカスタム投稿タイプの設定などによって異なります。

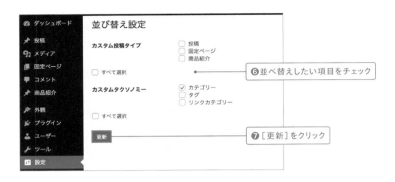

実際の並べ替えはドラッグ＆ドロップで行います。投稿一覧画面やカテゴリー画面の並べ替えたい項目上でマウスのボタンをクリックままにすると、ポインタが十字矢印に切り変わります。そのままドラッグして移動し、意図した位置でドロップすると並べ替えができます。

親テーマと子テーマ

本Chapterの最後に、「親テーマと子テーマ」について解説しておきましょう。

親テーマとはWordPressのデザインの基本となるテンプレートです。対して**子テーマと**は、親テーマとは別ファイルでありながら同時に読み込まれ、親テーマの機能やデザインを引き継ぎ、一部を上書きできる、カスタマイズ専用のテーマのことです。

なぜ子テーマが必要なのでしょうか。テーマ（親テーマ）はWordPress本体やプラグインと同じように、日々アップデートを続けています。アップデートをすると、テーマは新しいデータで上書きされ、初期化されます。つまり、**テーマに直接書き加えたカスタマイズは消えてしまう**可能性があります。

そこで、アップデートの影響を受けないファイルによるカスタマイズとして「子テーマ」が利用されます。**子テーマは、親テーマの機能やデザインを引き継ぎますが、アップデートの対象にはなりません。**テーマに加えたカスタマイズを守るためにも、カスタマイズ専用のテーマである子テーマが必要となってきます。

子テーマの作り方

子テーマの作り方について紹介します。

□ 子テーマのフォルダーを作成

まずは、themesフォルダーに子テーマのファイルを入れるためのフォルダーを作りましょう。フォルダ名は英数字なら何でも構いませんが、親との関連がわかったほうがいいので、「（親テーマ名）-child」などがおすすめです。

□ style.cssを用意する

基本的にはカスタマイズのためのCSSを書くためのファイルです。ただし、子テーマの場合は子テーマフォルダーをテーマとして認識させるための記述と、親テーマと子テーマを関連付けるための記述を書きましょう。

CSS　/wp-content/themes/test/style.css

```
/*
 Theme Name: 子テーマ名
 Template: 親テーマ名
*/
```

□ functions.phpを用意する

親テーマと子テーマを関連付けるための記述を書きましょう。

PHP /wp-content/themes/test/functions.php

```php
<?php
function theme_enqueue_styles() {
    wp_enqueue_style('parent-style', get_template_directory_uri() .
'/style.css');
    wp_enqueue_style('child-style', get_stylesheet_directory_uri()
. '/style.css', array('parent-style')
    );
}
add_action('wp_enqueue_scripts', 'theme_enqueue_styles');
?>
```

□ 子テーマを有効化する

style.cssとfunctions.phpがあれば、WordPress管理画面［外観］の［テーマ］で子テーマを選択できるようになり、［有効化］をクリックすると子テーマが適用された状態となります。ただし、子テーマのCSSに何も書いていないため、親テーマと何も変わらない見た目のままです。どんどんカスタマイズしていきましょう。

Chapter

2

投稿ページ／投稿一覧

01 投稿ページのカスタマイズ ①〜前後記事へのリンク

WordPressには「投稿」機能があり、お知らせやブログといった記事を作成できます。投稿ページをカスタマイズすると、記事を読みやすくしたり関連記事への誘導で閲覧数を増やしたりなどが可能です。まずは、投稿ページに前後記事へのリンクを追加します。

執筆者 伊藤麻奈美（株式会社KLEE）

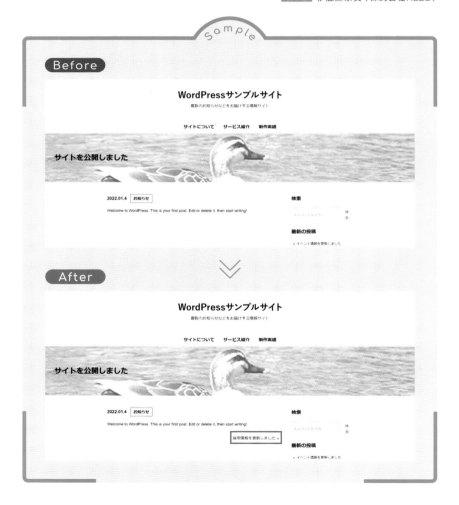

記事の投稿や変更を行うには

　投稿ページをカスタマイズする前に、記事を投稿しておきましょう。カスタマイズは、投稿した記事やサイドメニューの表示などを確認しながら行っていきます。

□ 記事を投稿する

　記事を投稿するには、管理画面の［投稿］から行います。

投稿ページ／投稿一覧

□ 記事を更新する

記事を更新するには、投稿時と同様、編集画面から行います。

□ 記事を投稿一覧で確認する

記事は、一覧で表示することができます。

□ カテゴリーを登録する

記事では、その記事の内容を分類する「カテゴリー」を登録できます。カテゴリーを登録・表示しておくと、どのような内容の記事なのか、ユーザーが把握しやすくなります。

カテゴリーが登録されたら、続いて複数のカテゴリーを登録しておきましょう。
カテゴリーを記事に登録するには、投稿の編集画面を開きます。

カテゴリーを登録すると、投稿一覧に表示されます。

投稿ページをカスタマイズするため、記事はいくつか投稿しておきましょう。実際にカスタマイズする際は、投稿ページの表示がどのように変わっていくかを、確認しながら進めていきます。

前後記事へのリンクを付ける

記事をいくつか投稿したら、その記事に、前や後にある記事へのリンクを付けます。そうすると、記事を読み終わった後に、他のページを閲覧するきっかけを作ることができます。ユーザーが記事を読み続けたくなるように、カスタマイズしていきましょう。

「投稿」のテンプレートである「single.php」に、テンプレートタグを追加します。**テンプレートタグ**とは、WordPress内に何かを表示したり取得したりしたいときに使う関数で、「wp-includes」フォルダー内に存在しています。テンプレートタグは記述するだけで、記事のタイトルなどの必要な情報を呼び出せます。

WordPressで、「前の記事」「次の記事」のリンクを表示させるには、下記のテンプレートタグを使用します。

PHP テンプレートタグ：前後の記事へのリンクを出力する

```
// 前の記事のリンクを出力
previous_post_link()

// 次の記事のリンクを出力
next_post_link()
```

たとえば、以下のように記述します。

PHP

```
// 前の記事のリンクを出力
<?php previous_post_link('%link', '&laquo; 前の記事'); ?>

// 次の記事のリンクを出力
<?php next_post_link('%link', '次の記事 &raquo;'); ?>
```

上記を記述すると、下記のHTMLが出力されます。

HTML

```
// 前の記事のリンクを出力
<a href="前の記事のリンク" rel="prev">« 前の記事</a>

// 次の記事のリンクを出力
<a href="次の記事のリンク" rel="next">次の記事 »</a>
```

テンプレートタグ「 previous_post_link() 」は、デフォルトでは、記事のタイトルをテキ
ストリンクとして出力します。しかし、「 %link 」の後に「 ' （シングルクォーテーション）」
で挟んだテキストを記述すると、そのテキストをテキストリンクとして出力します。なお、
「 « 」や「 » 」は、HTMLエンティティという、矢印を表示させる特殊文字
です。
　では実際に、single.phpへテンプレートタグを記述します。読みやすくなるように、合わ
せてCSSも調整します。

PHP　/wp-content/themes/test/single.php

```php
<div class="contents-column-body">
  <?php
  if (have_posts()) {
     while(have_posts()) {
         the_post();
  ?>
  <div class="date"><?php the_time('Y.m.j'); ?></div>
  <?php
  //カテゴリー名表示
  $category = get_the_category();
  if ($category) {
    foreach($category as $cat) {
      echo '<div class="cat">' . $cat->cat_name . '</div> ';
    }
  }
  ?>
  <div class="post-area"> <!-- ページ本文を出力 -->
    <?php the_content(); ?>
  </div>

  <p class="post_previous"> <!-- 前の記事を左側に表示するclass指定 -->
    <?php previous_post_link('%link', '&laquo; 前の記事'); ?> <!-- 前
の記事のテキストリンクを出力 -->
  </p>
  <p class="post_next"> <!-- 次の記事を右側に表示するclass指定 -->
    <?php next_post_link('%link', '次の記事 &raquo;'); ?> <!-- 次の記事
のテキストリンクを出力 -->
  </p>

  <?php
     }
  }
  ?>
</div>
```

CSS	/wp-content/themes/test/shared/css/subpage.css

```
/* 前の記事のリンクを左側に表示する設定
*/
.post_previous {
  float: left;
}
```

```
/* 次の記事のリンクを右側に表示する設定
*/
.post_next {
  float: right;
}
```

　記事の本文の後に、前後の記事へのリンクが表示されるはずです。リンクをクリックして、ページ遷移できるかを確認してみましょう。

🖐 Point

テンプレートタグを使うことのメリット

テンプレートタグを使って情報を表示することで、たとえば、管理画面から固定ページのタイトルやアイキャッチ画像を変更した場合でも、自動的にトップページの該当箇所に内容が反映されます。テンプレートタグを使わないと、タイトルやアイキャッチ画像を変更した場合にその都度、表示箇所を手動で直さなければならないため、効率が悪くなります。

このように、WordPressのテンプレートタグをうまく活用することで、更新時の手間を減らし、運用しやすいサイトを作ることができます。

記事タイトルのリンクにする

「前の記事」「次の記事」といった固定のテキストリンクではなく、記事のタイトルをテキストリンクとして出力することも可能です。「 %link 」の後に、「 %title 」を記述します。

> **PHP** /wp-content/themes/test/single.php

```php
<?php previous_post_link('%link', '&laquo; %title'); ?>
<?php next_post_link('%link', '%title &raquo;'); ?>
```

記事タイトルでリンクが表示された

画像のリンクボタンにする

テキストリンクだけではなく、画像のリンクボタンにすることも可能なので、その方法も紹介しておきましょう。画像のリンクボタンを作るには、たとえば以下のように記述します。

> **PHP** 画像のリンクボタンを表示する

```php
<?php previous_post_link('%link', '<img src="'. get_template_
directory_uri().'/images/prev.svg" alt="前の記事" width="80"/>'); ?>
<?php next_post_link('%link', '<img src="'. get_template_directory_
uri().'/images/next.svg" alt="次の記事" width="80"/>'); ?>
```

なお、上記コードを書く前に、以下の準備が必要です。
- **リンクボタンに使う画像の作成**
- **テンプレートファイルにアップロード**
- **テンプレートタグに画像名、パス、サイズを記述**

リンクボタンの画像は、下記のフォルダーにアップロードしましょう。

▶リンクボタンのアップロード場所
/wp-content/themes/test/images

　準備が終わったら、single.phpに元々あったclassはそのままにして、PHPだけを入れ替えてみましょう。画像を読み込めるように、画像名やパス、サイズの指定は、アップロードした画像にあわせて適宜変更してください。

PHP /wp-content/themes/test/single.php

```php
<p class="post_previous"> <!-- 前の記事を左側に表示するclass指定 -->
  <?php previous_post_link('%link', '<img src="'. get_template_
directory_uri().'/images/prev.svg" alt="前の記事" width="80"/>'); ?>
<!-- 前の記事の画像リンクを出力 -->
</p>
<p class="post_next"> <!-- 次の記事を右側に表示するclass指定 -->
  <?php next_post_link('%link', '<img src="'. get_template_
directory_uri().'/images/next.svg" alt="次の記事" width="80"/>'); ?>
<!-- 次の記事の画像リンクを出力 -->
</p>
```

　画像でリンクが表示されるはずです。クリックして、ページが遷移されるかを確認してみましょう。

02 投稿ページのカスタマイズ ②〜投稿一覧へのリンク

記事を読んだ後に、これまでの記事が表示されている、投稿一覧を閲覧したくなることは
よくあります。そんなときのために、投稿ページに、投稿一覧を表示するボタンを設置して
みましょう。

執筆者 伊藤麻奈美(株式会社KLEE)

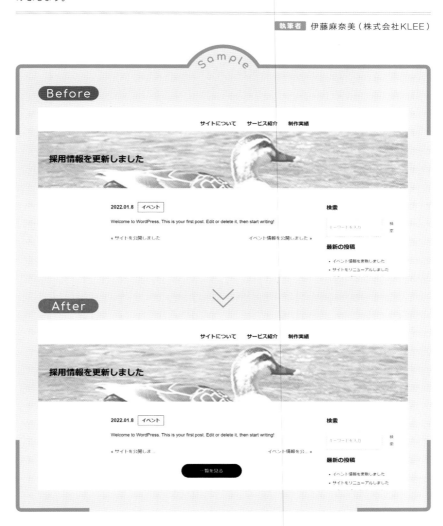

投稿一覧ボタンを表示する

single.phpと、ボタンに合わせてCSS（subpage.css）も調整します。

PHP /wp-content/themes/test/single.php

```php
<div class="navigation"> <!-- floatの回り込み解除のclass指定 -->
  <p class="post_previous"> <!-- 前の記事を左側に表示するclass指定 -->
    <?php previous_post_link('%link', '&laquo; 前の記事'); ?>
  </p>
  <p class="post_next"> <!-- 次の記事を右側に表示するclass指定 -->
    <?php next_post_link('%link', '次の記事 &raquo;'); ?>
  </p>
</div>
<?php
    }
}
<!-- 投稿一覧へのリンクボタン　URLを適宜入れてください。 -->
?>
<div>
  <a href="#" class="btn_news">一覧を見る</a>
</div>
```

CSS /wp-content/themes/test/shared/css/subpage.css

```css
/* floatの回り込み解除 */
.navigation {
  overflow: hidden;
}
/* 前の記事のリンクを左側に表示する設定
*/
.post_previous {
  float: left;
}
/* 次の記事のリンクを右側に表示する設定
*/
.post_next {
  float: right;
}
/* ボタンの装飾 */
.btn_news {
  background-color: #000;
  border-radius: 50px;
  color: #fff!important;
  display: block;
  margin: 30px auto 0 auto;
  padding: 0.65em 2.5em;
  text-align: center;
  width: 30%;
}
/* ボタンのマウスオーバー時の装飾 */
.btn_news:hover {
  background: #cdcdcd;
  color: #000;
  opacity: 1;
}
/* ボタンのスマートフォン時の装飾 */
@media screen and (max-width: 768px) {
  .btn_news {
    width: 60%; } }
```

　［一覧を見る］のリンク先である投稿一覧を表示するには、投稿一覧のテンプレートを作成する必要があります。作成方法は、Chapter 2-06（P.110〜）を参照してください。

03 投稿ページのカスタマイズ ③〜リンクの文字数制限

SEO対策を意識すると、記事のタイトルは長くなりがちです。その場合、前後記事へのタイトルが読みづらくなったりレイアウトが崩れたりといった、問題が生じることがあります。あらかじめ記事タイトルの文字数を制限しておくと、これらの問題を防げます。

執筆者 伊藤麻奈美（株式会社KLEE）

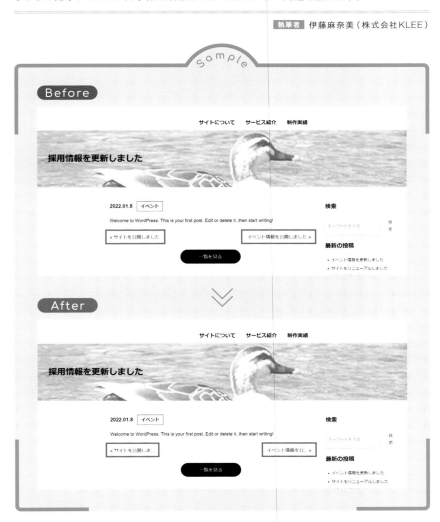

記事タイトルを文字数制限で表示する

P.092で使用したテンプレートタグ「previous_post_link()」では細かな設定ができないので、ここでは変数を使います。

 Point

変数とは
変数とは、文字や数値などの値を格納しておく「箱」のようなものです。変数の宣言は、「$変数名 = 値;」と記述します。今回の場合は記事ごとに、「前の記事のタイトル」「次の記事のタイトル」や前の記事のリンク、次の記事のリンクが変わるので、それらが変数となります。

また、「前の記事」「次の記事」の有無や、「前の記事のタイトル」「次の記事のタイトル」の文字数に応じて、表示を設定する必要があります。この場合は、条件分岐を記述します。条件分岐については、Chapter 1-04（P.057）を参照してください。

ここでは、「前の記事」「次の記事」の有無に加えて、「前の記事のタイトル」「次の記事のタイトル」が8文字以上かどうかで処理を実行してみましょう。条件を整理すると、以下のようになります。

- **タイトルが8文字以上の場合：リンクに、「…」を表示する**
- **タイトルが8文字未満の場合：上記処理を実行しない**

処理は、「投稿」のテンプレートであるsingle.phpに直接記述したいところですが、変数や条件分岐などの記述があるので、冗長になってしまいます。WordPressには機能を拡張・変更するテンプレートファイル「functions.php」があり、追加したい機能は「functions.php」に関数として定義しておきます。**機能をあらかじめ関数として記述しておけば、必要な箇所（single.php）では、関数を呼び出すだけで使用が可能になります。**

> **PHP** /wp-content/themes/test/functions.php

```php
//関数page_naviを定義
function page_navi() {
  //変数宣言
  $max_length = 8;  //最大文字数8文字
  $ellipsis  = '...';  //省略文字
  $html_prev = '';  //前の記事の情報を格納する箱
  $html_next = '';  //次の記事の情報を格納する箱
  $prev_post = get_previous_post();  //前の記事のリンクを取得
  $next_post = get_next_post();  //次の記事のリンクを取得
```

```php
  //条件:前の記事が存在するとき
  if( !empty( $prev_post ) ) {
    $prev_title = apply_filters( 'the_title', $prev_post->post_title
);

    //条件:前の記事タイトルが8文字以上のとき
    if( mb_strlen( $prev_title ) > $max_length ) {
      $prev_title = mb_substr( $prev_title, 0, $max_length ) .
$ellipsis;
    }

    //処理:前の記事のテキストリンクを表示
    $html_prev .= sprintf(
      '<p class="post_previous"><a href="%s">&laquo %s</a></p>', //
ボタンのHTML
      esc_url( get_permalink( $prev_post->ID ) ), //パーマリンク
      $prev_title //タイトル
    );
    echo $html_prev; //上記文字列の出力
  }

  //条件:次の記事が存在するとき
  if( !empty( $next_post ) ) {
    $next_title = apply_filters( 'the_title', $next_post->post_title
);

    //処理:次の記事のテキストリンクを表示
    if( mb_strlen( $next_title ) > $max_length ) {
      $next_title = mb_substr( $next_title, 0, $max_length ) .
$ellipsis;
    }

    //処理:次の記事のテキストリンクを表示
    $html_next .= sprintf(
      '<p class="post_next"><a href="%s">%s &raquo;</a></p>', //ボタンの
HTML
      esc_url( get_permalink( $next_post->ID ) ), //パーマリンク
      $next_title //タイトル
    );
    echo $html_next; //上記文字列の出力
  }
```

functions.phpに出てくる関数を、簡単に解説します。

表1 functions.phpで使用した関数

関数	概要	
apply_filters	フィルターを実行する	
mb_strlen	文字列の長さを取得する	
mb_substr	文字列の一部を取得する	
sprintf	目的のフォーマットに合わせて文字列を作成する	
%s	文字列を出力する	

single.phpでは、functions.phpに作成した関数「 page_navi() 」を呼び出すだけです。

PHP　/wp-content/themes/test/single.php

```
<div class="navigation">
  <?php page_navi();?> <!-- 関数page_naviの呼び出し -->
</div>
```

これで、記事タイトルが8文字以上の場合、リンクに表示されるテキストが省略されます。

 Attention ——————————————

functions.phpを扱う際の注意
functions.phpは、WordPressのコアファイルを格納しているものです。WordPressの動作に関わる部分のため、記述ミスがあると予期せぬ不具合が発生する可能性があります。たとえば、ホワイトアウトといって、画面が真っ白になる場合もあります。そのためfunctions.phpを編集する際は、以下の点に気を付けて作業しましょう。
- 必ずバックアップを取る
- 不要なスペースや改行を入れない
- 編集後は、Webサイトの動作を必ず確認する

投稿ページ／投稿一覧

04 投稿ページのカスタマイズ ④～アイキャッチ画像の表示

ここでは、記事の冒頭に、アイキャッチ画像が表示されるようにカスタマイズします。記事内の決まった箇所にアイキャッチ画像を表示されるようにしておくと、記事全体に統一感を出すことができます。

執筆者 伊藤麻奈美（株式会社KLEE）

アイキャッチ画像を記事の冒頭に自動で表示する

　アイキャッチ画像を記事の冒頭に表示するには、まずは管理画面で、アイキャッチ画像を登録できるように設定します。サムネイル画像をアイキャッチとして使用するため、functions.phpを開き、サムネイル画像を有効にするテンプレートタグを記述します。

PHP テンプレートタグ：サムネイル画像を有効にする

```php
add_theme_support('post-thumbnails');
```

　サムネイル画像が有効になりました。あとはサムネイル画像が表示されるように、single.phpもカスタマイズします。下記のテンプレートタグを記述します。

PHP テンプレートタグ：サムネイル画像を表示する

```php
<?php the_post_thumbnail(); ?>
```

　上記のテンプレートタグで、パラメーターとして以下の値を記述すると、サムネイル画像のサイズを指定できます。たとえば、「the_post_thumbnail('thumbnail');」といった記述になります。

表1 サムネイル画像のサイズ

値	サイズ
'thumbnail'	サムネイル（デフォルト 150px x 150px：最大値）
'medium'	中サイズ（デフォルト 300px x 300px：最大値）
'large'	大サイズ（デフォルト 640px x 640px：最大値）
'full'	フルサイズ（アップロードした画像の元サイズ）

```php
<div class="date"><?php the_time('Y.m.j'); ?></div>
<?php
//カテゴリー名表示
$category = get_the_category();
  if ($category) {
    foreach($category as $cat) {
      echo '<div class="cat">' . $cat->cat_name . '</div> ';
    }
  }
?>

<?php
//サムネイル画像を表示するテンプレートタグ
the_post_thumbnail(); ?>

<div class="post-area">
  <?php the_content(); ?>
</div>
```

上記のテンプレートタグ「 the_post_thumbnail(); 」により出力されたimgのclass「 .attachment-post-thumbnail 」を指定し、表示を調整します。

```css
.attachment-post-thumbnail {
  display: block;
  height: auto;
  margin-bottom: 1em;
}
```

□ アイキャッチ画像を登録する

記事にアイキャッチ画像を登録する方法を解説します。

❸画像をドラッグ&ドロップまたは
[ファイルを選択]でアップロード

アイキャッチ画像が選択されていることを確認

❹[アイキャッチ画像を設定]をクリック

❺[更新]をクリック

アイキャッチ画像が設定
されたことを確認

□ アイキャッチ画像のサイズを変更する

アイキャッチ画像のサイズは、管理画面で[設定]→[メディア]の順にクリックすると変更できます。

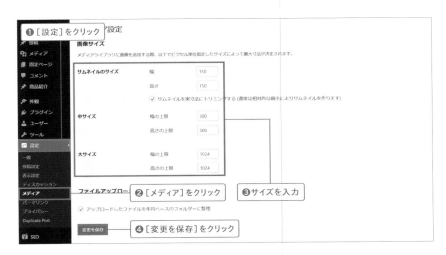

05 投稿ページのカスタマイズ⑤〜記事パスワードの追加

記事を投稿していくと、限られたユーザーにのみ公開したいときがあります。そのような場合は、対象の記事にパスワードを設定してみましょう。ここでは、WordPress標準で行える、簡単なパスワード設定の方法を紹介します。

執筆者 伊藤麻奈美（株式会社KLEE）

Sample

Before

採用情報を更新しました

2022.01.8 イベント

Welcome to WordPress. This is your first post. Edit or delete it, then start writing!

« サイトを公開しま...　　　　　　　　　制作実績を2件追... »

一覧を見る

検索

キーワードを入力

最新の投稿

アーカイブ
• イベント情報を!

After

保護中: 採用情報を更新しました

2022.01.8 イベント

このコンテンツはパスワードで保護されています。閲覧するには以下にパスワードを入力してください。

パスワード：　　　　　確定

« サイトを公開しま...　　　　　　　　イベント情報を公... »

検索

キーワードを入力

最新の投稿
• イベント情報を!
• サイトをリニュー
• スタッフブログ!

記事にパスワードを設定する

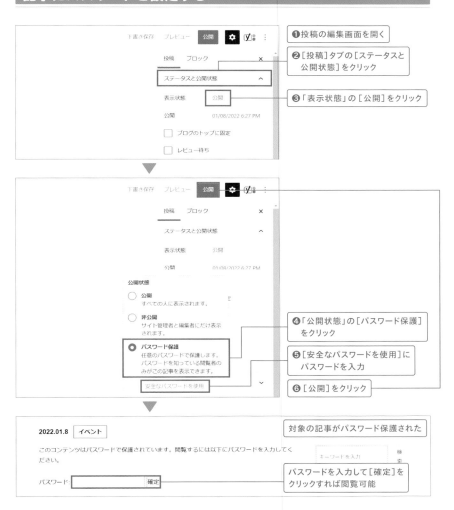

上記のパスワード設定は簡単に行えるので、ユーザーが少ない場合に向いています。Webサイトの規模が大きい場合や、会員制サイトや有料記事など運営が複雑になった場合は、それに伴ったプラグインやシステムの導入が必要です。

06 投稿一覧ページのカスタマイズ①〜機能の有効化

WordPressで「投稿」を増やしていくと「投稿一覧」という画面で、今まで公開してきた記事を一覧で表示できるようになります。ユーザーが閲覧しやすくなるように、カスタマイズしていきましょう。

執筆者 伊藤麻奈美(株式会社KLEE)

投稿一覧ページを表示させる

　投稿一覧ページのテンプレートファイルは、「/wp-content/themes/test/archive.
php」です。ファイルが存在しているかを確認しておきましょう。ただし、ファイルが存在して
いるだけでは投稿一覧ページを表示できません。ここから、投稿一覧ページを表示させる
設定をしていきます。functions.phpに、投稿一覧を有効にする設定を記述します。

PHP　　/wp-content/themes/test/functions.php

```php
//投稿一覧ページ
function post_has_archive($args, $post_type)
{
  if ('post' == $post_type) {
    $args['rewrite'] = true; //リライトを有効にする
    $args['has_archive'] = 'news'; //投稿一覧のスラッグ名
  }
  return $args;
}
add_filter('register_post_type_args', 'post_has_archive', 10, 2);
```

　上記では、投稿一覧ページの「スラッグ」を設定しています。**スラッグ**は、URLの一部
になる文字列のことで、任意で設定できます。今回は「news」にしたので、投稿一覧ペー
ジのURLは「https://XXXXX.com/news」のようになります。値を自由に設定できるの
で、「blog」や「info」など、ページに合ったスラッグを設定しましょう。

Attention

スラッグは半角英数字とハイフンのみ

スラッグは、投稿やこの後紹介する固定ページでも、1ページごとに設定できます。
明示的にスラッグを設定しないと、自動的に、ページのタイトルがスラッグとして設
定されます。タイトルが日本語の場合もスラッグとなりますが、その場合はエンコー
ドされるので、意味をなさない文字の羅列となってしまいます。たとえば、ページ
のタイトルが「お知らせ」の場合は、エンコードされて以下のようになります。

https://XXXXX.com/%e3%81%8a%e7%9f%a5%e3%82%89%e3
%81%9b/

上記のようなURLだと、怪しげなサイトに見られるだけではなく、検索エンジン
のロボットがサイトの内容を判断しづらいため、SEOの観点からもよくありませ
ん。ロボットに伝わりづらいという意味ではローマ字表記のスラッグ（oshirase、
buroguなど）も好ましくないので、避けたほうがいいでしょう。スラッグには、半角
英数字とハイフンのみを使った英単語を設定しましょう。

　次は、管理画面の設定です。管理画面で［設定］→［パーマリンク］の順にクリックして、パーマリンクの設定画面を開きます。表示した画面では何も変更せずに、［変更を保存］をクリックします。

投稿一覧ページのテンプレートファイルを確認する

投稿一覧ページのテンプレート「archive.php」には、様々なコードやテンプレートタグが記述されています。まずは、何が記述されていてどのように機能しているかを確認し、それからカスタマイズしていきましょう。

PHP /wp-content/themes/test/archive.php

```php
<?php
if ( ! defined( 'ABSPATH' ) ) exit;
get_header();
?>

<section class="archive-contents">
  <div class="archive-contents-body">
    <div class="archive-contents-list">
      <ul>
        <?php
          if (have_posts()) {
            while(have_posts()) {        ─ ループ開始
            the_post();
        ?>
        <li>
          <div class="date"><?php echo get_the_time('Y.m.d'); ?></div>
          <?php
            //カテゴリー名表示
```

```
                    $category = get_the_category();
                    if ($category) {
                       foreach($category as $cat) {
                          echo '<div class="cat">' . $cat->cat_name . '</
div> ';
                       }
                    }
                 ?>
                 <h2><?php the_title(); ?></h2>
                 <p><?php echo get_the_excerpt(); ?></p>
                 <div class="btn"><a href="<?php the_permalink(); ?>">詳
しくはこちら</a></div>
              </li>
              <?php
                    }            ┐
                 }              ├ ループ終了
              ?>               ┘
          </ul>
       </div>
       <?php the_posts_pagination(); ?>
    </div>
</section>

<?php wp_reset_query(); ?>
<?php get_footer(); ?>
```

□ メインループ

Chapter 1-01（P.030参照）でも利用していますが、処理を、開始から終了まで複数回繰り返すことを、**ループ処理（繰り返し処理）**といいます。投稿一覧のテンプレートに記述すると、記事があるか調べ、記事があればデータを取得して表示といった処理を繰り返し、その結果、投稿一覧が表示されることになります。

投稿を表示するためのループを、**メインループ**といいます。

PHP　メインループ

```php
<?php
  if (have_posts()) { //投稿記事が存在するか調べる
    while(have_posts()) { //投稿記事がある間は処理を繰り返す
    the_post(); //次の投稿記事を取得する
?>
～省略：ここに処理を記述します。～
<?php
    }
  }
?>
```

記事が存在している間は、下記の処理が繰り返されます。HTMLやテンプレートタグが記述されています。

> PHP　ループ処理の内部

```php
<li>
  <div class="date"><?php echo get_the_time('Y.m.d'); ?></div>
  <?php
    //カテゴリー名表示
    $category = get_the_category();
    if ($category) {
      foreach($category as $cat) {
        echo '<div class="cat">' . $cat->cat_name . '</div> ';
      }
    }
  ?>
  <h2><?php the_title(); ?></h2>
  <p><?php echo get_the_excerpt(); ?></p>
  <div class="btn"><a href="<?php the_permalink(); ?>">詳しくはこちら</a></div>
</li>
```

☐ 投稿日付を取得するテンプレートタグ

　ループ処理の中には、投稿日付を取得するテンプレートタグが記述されています。

> PHP　テンプレートタグ：投稿の日付を取得する

```php
get_the_time()
```

　テンプレートでは下記の記述となっています。

> PHP

```php
<?php echo get_the_time('Y.m.d'); ?>
```

　get_the_time()の()内には、関数に渡す値を記述します。これを**パラメーター**や**引数**と呼びます。「Y.m.j」は年月日のことで、投稿の日付を「2022.X.X」というように表示します。たとえば「2022年X月X日」という表示にしたい場合は「Y年n月j日」と記述します。

> PHP

```php
<?php echo get_the_time('Y年n月j日'); ?>
```

投稿日付の形式を変更できる

□ カテゴリーを取得するテンプレートタグ

ループ処理の中には、カテゴリーを取得するテンプレートタグが記述されています。

PHP テンプレートタグ：カテゴリーを取得する

```php
get_the_category()
```

PHP /wp-content/themes/test/archive.php

```php
<?php
  //カテゴリー名表示
  $category = get_the_category(); //カテゴリーを取得する
    if ($category) { //カテゴリーが存在するときループ処理
      foreach($category as $cat) {
        echo '<div class="cat">' . $cat->cat_name . '</div> ';
      }
    }
?>
```

□ ほかに使われているテンプレートタグ

ループ処理で使われているほかのテンプレートタグは、以下の通りです。

表1 ほかに使われているテンプレートタグ

テンプレートタグ	意味
the_title()	タイトルを表示する
get_the_excerpt()	本文の抜粋を取得する。get_the_excerpt()のみでは出力する機能は持たないため、「 <?php echo get_the_excerpt(); ?> 」のように、文字列を出力する「 echo 」を記述する
the_permalink()	投稿のURLを表示する。テンプレートの記述にあるように<a>タグの中に埋め込む（ <a href="<?php the_permalink(); ?>">詳しくはこちら</a> ）とリンクボタンが実装できる

07 投稿一覧ページのカスタマイズ②〜サムネイル画像の表示

ここでは、投稿一覧にサムネイル画像を表示する方法を解説します。サムネイル画像を配置することで、人目を引くページ作りにつながります。なお、以降の投稿一覧ページのカスタマイズは、P.111〜116の内容に従って機能を有効化してある前提とします。

執筆者 伊藤麻奈美（株式会社KLEE）

Sample

投稿一覧にサムネイル画像を表示する

投稿一覧にサムネイル画像を表示させるには、下記のテンプレートタグを使います。

PHP テンプレートタグ：サムネイル画像を表示する

```php
the_post_thumbnail()
```

　ここからは、サムネイル画像を有効にする設定が済んでいる前提で進めます。未設定の場合は、P.104を参照の上、設定してください。

PHP /wp-content/themes/test/archive.php

```php
<div class="archive-contents-list">
                <ul>
                <?php
                if (have_posts()) {
                    while(have_posts()) {
                        the_post();
                ?>
                <li>
                  <div class="thumbnail">
                    <?php the_post_thumbnail(); ?>
                  </div>
                  <div class="archive-txt">
                    <div class="date"><?php echo get_the_time('Y
年n月j日'); ?></div>
                    <?php
                      //カテゴリー名表示
                      $category = get_the_category();
                      if ($category) {
                        foreach($category as $cat) {
                          echo '<div class="cat">' . $cat->cat_
name . '</div> ';
                        }
                      }
                    ?>
                    <h2><?php the_title(); ?></h2>
                    <p><?php echo get_the_excerpt(); ?></p>
                    <div class="btn"><a href="<?php the_
permalink(); ?>">詳しくはこちら</a></div>
                  </div>
                </li>
                <?php
                    }
                }
                ?>
```

投稿ページ／投稿一覧

```
            </ul>
        </div>
```

CSS   /wp-content/themes/test/shared/css/subpage.css

```css
/* floatの回り込み解除 */
.archive-contents-list ul li {
  overflow: hidden;
}

/* 一覧のテキスト */
.archive-txt {
  float: left;
  width: 70%;
}

/* サムネイル画像のレイアウト */
.archive-contents-list .thumbnail {
  box-sizing: border-box;
  float: left;
  padding-right: 30px;
  width: 30%;
}
.archive-contents-list .thumbnail img {
  width: 100%;
  height: auto;
  object-fit: cover;
}

/* スマートフォン時のサムネイル画像のレイアウト */
@media screen and (max-width: 768px) {
  .archive-contents-list .thumbnail {
    float: none;
    margin-bottom: 30px;
    padding-right: 0;
    width: 100%;
  }
  .archive-txt {
  float: none;
  width: 100%;
  }
}
```

Chapter 2

08 投稿一覧ページのカスタマイズ③〜ページナビ

投稿が増えていくと、投稿一覧の1ページにすべての記事を掲載するより、数記事ずつを1ページ、2ページ、と分けて掲載したほうが読みやすくなります。ここではページナビの追加方法と表示件数のカスタマイズについて解説します。

執筆者 伊藤麻奈美（株式会社KLEE）

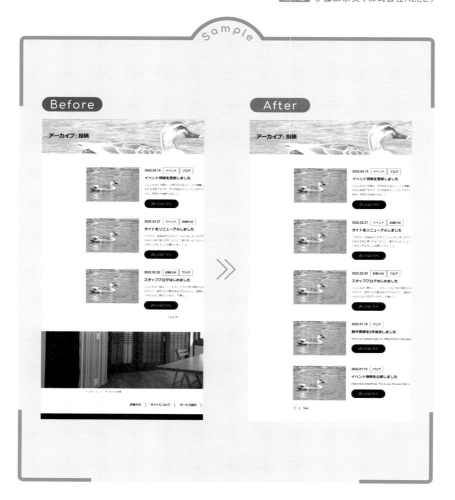

ページナビを追加する

　ページナビがあると、今何ページ目を閲覧しているのかを把握しやすくなります。archive.phpには、ページナビを表示するテンプレートタグの記述があるので、ファイルを開いて記述を確認してみましょう。

> **PHP** テンプレートタグ：ページナビを追加する

```
the_posts_pagination()
```

2022年2月27日　イベント　お知らせ

サイトをリニューアルしました

このたび、当Webサイトをリニューアルしましたので、ご報告いたします。今までのデザインよりも、よりみなさまに使いやすいように、見やすいようにという点を考えながら、作りました。今後とも、当サイトをどうぞよろしくお願いいたし [...]

詳しくはこちら

1 2 ... 4 次へ ── ページナビが表示されている

 Point ──────────

「the_posts_pagination()」は固定ページでは動作しない？

ページナビを表示するテンプレートタグであるthe_posts_pagination()は、投稿リスト（index.phpなど）やアーカイブ（archive.phpなど）で使われる関数であり、固定ページにそのまま記述しても動作しません。固定ページの場合は、一覧ページを作成しループ処理を実行するようカスタマイズするなど、工夫が必要です。

投稿一覧の表示件数を設定する

　投稿一覧の表示件数は、管理画面から設定できます。管理画面で、［設定］→［表示設定］の順にクリックして、設定画面を開きます。

ページナビのプラグインを使用する

テンプレートタグを記述するほか、プラグインを使用する方法もあります。プラグインを使用すると、ページ送りの表示などを簡単に設定できます。

今回はページナビのプラグインである、「 **WP-PageNavi** 」を使用します。

表1 使用するプラグイン

プラグイン名	URL	
WP-PageNavi	https://ja.wordpress.org/plugins/wp-pagenavi/	

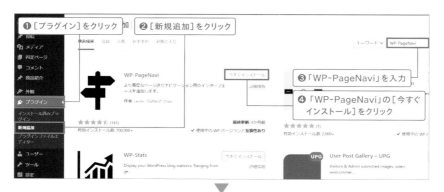

　WP-PageNaviをインストールすると、管理画面に［ WP-PageNavi ］が追加され、各種設定が行えます。「総ページ数用テキスト」「現在のページ用テキスト」「ページ用テキスト」は下記の表示ルールとなっており、そのままでも構いません。

表2　PageNaviの設定

設定	意味	表示例
%CURRENT_PAGE% / %TOTAL_PAGES%	現在のページ番号/総ページ数	1/3
%PAGE_NUMBER%	ページ番号	1

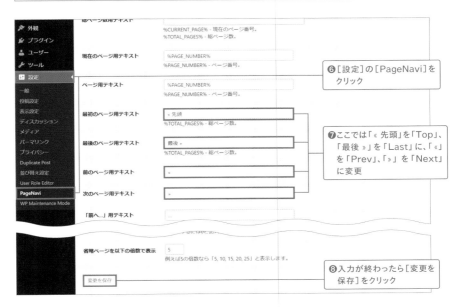

　「表示するページ数」は投稿一覧の表示件数です。表示件数を入力して［変更を保存］をクリックします。
　管理画面での設定は以上です。次にarchive.phpを開き、下記のWP-PageNaviのテンプレートタグを記述します。

PHP テンプレートタグ：WP-PageNavi

```php
<?php wp_pagenavi(); ?>
```

PHP /wp-content/themes/test/archive.php

```php
<?php
if ( ! defined( 'ABSPATH' ) )
exit;
get_header();
?>

<section class="archive-
contents">
  <div class="archive-
contents-body">
    <div class="archive-
contents-list">
```

```php
    <ul>
      //〜省略〜
    </ul>
  </div>
  <?php wp_pagenavi(); ?>
<!-- WP-PageNavi出力 -->
  </div>
</section>

<?php wp_reset_query(); ?>
<?php get_footer(); ?>
```

ページナビが表示され、
表示件数も変更された

Attention

ページナビが動作しないとき

［設定］の［表示設定］での投稿一覧の表示件数と、WP-PageNaviでの表示件数が異なると、投稿一覧2ページ目以降が表示されないといった不具合が起こることがあります。P.121「投稿一覧の表示件数を設定する」の際に表示件数は同一となるよう設定しておきましょう。

投稿ページ／投稿一覧

09 カテゴリー一覧ページのカスタマイズ

記事の中でも、特定のカテゴリーの記事のみを閲覧したい場合があります。そんなときにユーザーがカテゴリーを絞り込める「カテゴリー一覧」をカスタマイズします。ここでは、カテゴリーの説明文（カテゴリーディスクリプション）を追加してみましょう。

執筆者 伊藤麻奈美（株式会社KLEE）

Sample

Before

After

カテゴリー一覧ページを確認する

　まずは、カテゴリー一覧ページの表示を確認してみましょう。投稿した記事を開き、サイドメニューのカテゴリーをクリックします。

テンプレート階層について理解する

　トップページや投稿ページなど、ページを表示させるために、それぞれのテンプレートファイルが存在しています。この場合、カテゴリー一覧ページにはarchive.phpが適応されるので先ほどのような表示となっています。なぜarchive.phpが適応されたのか、それは**テンプレート階層**というルールに基づいているからです。WordPressでは、ページの種類ごとに「どのテンプレートを優先させるか」が決められており、**その優先度に応じてテンプレートが適応されます。**

　カテゴリー一覧のテンプレートファイルは下記の通りです。下に向かうほど、優先度は低くなります。

①category-{slug}.php　　※{slug}には、スラッグが入る

②category-{id}.php　　※{id}には、カテゴリーIDが入る

③category.php

④archive.php

⑤index.php

　優先度が最も高い「category-{slug}.php」では、たとえばスラッグが「news」の場合、「category-news.php」というテンプレートファイルとなり、カテゴリー「news」のみに適応されるテンプレートとなります。ここでは、①〜③のテンプレートが存在していないため、④のarchive.phpが適応されたということです。

カテゴリー一覧のテンプレート作成する

　カテゴリー一覧はそのままでも機能的には問題ありませんが、「カテゴリー一覧」専用のページを作成すると、カテゴリーごとにデザインや表示を変更できます。archive.phpをベースに、カテゴリー一覧ページのテンプレートを作成してみましょう。

```php
    archive.php        category.php
1   <?php
2   if ( ! defined( 'ABSPATH' ) ) exit;
3   get_header();
4   ?>
5
6           <section class="archive-contents">
7               <div class="archive-contents-body">
8                   <div class="archive-contents-list">
9                       <ul>
10                      <?php
11                      if (have_posts()) {
12                          while(have_posts()) {
13                              the_post();
14                      ?>
15                      <li>
16                          <div class="thumbnail">
```

❶テキストエディターを開きarchive.phpのコードをすべてコピー

❷新規エディターにペーストした後、「category.php」と名前を付けて保存

　作成したcategory.phpは、フォルダーパス「/wp-content/themes/test」に格納します。

カテゴリーディスクリプションを表示させる

カテゴリーごとにどのような内容かを説明する、ディスクリプションを表示させます。まずは管理画面から、カテゴリーごとにディスクリプションを登録します。

カテゴリーディスクリプションが登録された

　管理画面の設定だけでは、カテゴリーディスクリプションは画面には表示されません。category.phpを更新して、カテゴリーディスクリプションが表示されるようにしましょう。

`PHP`　テンプレートタグ：カテゴリーディスクリプションを取得する

```
category_description()
```

　「 echo 」で取得したカテゴリーディスクリプションを表示するには、以下のように記述します。

`PHP`

```
<?php echo category_description(); ?>
```

　上記を、category.php内のループ前に記述します。

`PHP`　/wp-content/themes/test/category.php

```
<section class="archive-contents">
  <div class="archive-contents-body">
    <!-- カテゴリーディスクリプションを出力 -->
    <div class="category_description"><?php echo category_
description(); ?></div>
    <div class="archive-contents-list">
      <ul>
        <?php
          if (have_posts()) {
            while(have_posts()) {
              the_post();
            ?>
```

```
            //〜省略〜
        <?php
            }
        }
    ?>
    </ul>
    </div>
    <?php wp_pagenavi(); ?>
    </div>
</section>
```

 CSS /wp-content/themes/test/shared/css/subpage.css

```
.category_description {
  background: #efefef;
  font-weight: bold;
  padding: 1em;
}
```

投稿ページ／投稿一覧

👆 **Point**

アーカイブのテンプレート階層

WordPressのアーカイブには、記事を月別に一覧表示するアーカイブや、記事に登録された「タグ」別に一覧表示するタグアーカイブがあります。カテゴリー一覧ページと同様、アーカイブにも、テンプレート階層があるので紹介しておきましょう。日付別一覧のテンプレートファイルは、下記の通りです。

①date.php
②archive.php
③index.php

タグ一覧のテンプレートファイルは、下記の通りです。

①tag-{slug}.php
②tag-{id}.php
③tag.php
④archive.php
⑤index.php

これらテンプレートファイルも、P.127の「カテゴリー一覧のテンプレート作成する」と同様の方法で作成できます。それぞれテンプレートファイルを作成し、HTMLやCSSを調整すると、独自のアーカイブページを作成できます。

なお、サイドバーにアーカイブを表示させる方法はChapter 4-02（P.175〜）で紹介しているので、参考にしてください。

投稿タイプ／分類／
フィールド

01 カスタム投稿タイプ

カスタム投稿タイプとは自分で追加できる新しい投稿タイプで、標準の「投稿」とは異なる用途に利用できます。記事を区別して管理したり、「投稿」とは別のデザインに変更したりなどが可能ですので、使い勝手をよくするためにも覚えておきたいカスタマイズです。

執筆者 稲葉和希

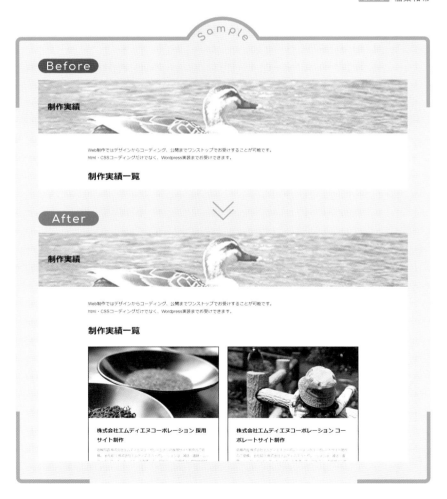

WordPressに用意されている投稿タイプ

WordPressの投稿タイプには、「ラベル」と「スラッグ」が設定されています。ラベルは、管理画面のメニューなどに表示される文字列であり、投稿タイプの名前だと考えてください。そしてスラッグは、様々なデータを識別する、英数字の文字列です。スラッグは、プログラムやクエリ上で投稿タイプを指定するのに使います。

WordPressに用意されている投稿タイプは、以下の通りです。

表1 投稿タイプとスラッグ

投稿タイプの名称（ラベル）	スラッグ
投稿	post
固定ページ	page

「投稿（post）」はお知らせやブログなどを配信するのに最適な投稿タイプです。しかし、制作実績や商品一覧など、デザインや入力項目を凝りたいコンテンツの投稿には向いていません。またたとえば、お知らせの記事が並んでいる途中で、いきなり制作実績の紹介や商品のPR情報があらわれるのも不自然です。

そこで本Chapterでは、**制作実績を紹介するための専用の、ラベルが「制作実績」でスラッグが「work」の投稿タイプを実装していきます**。投稿タイプを自分で追加するには、**カスタム投稿タイプ**という機能を使います。

カスタム投稿タイプの作成

カスタム投稿タイプを作成するには、**プラグイン「Custom Post Type UI」**を使用します。Custom Post Type UIは無料で利用できるプラグインで、世界中で約100万以上ものWebサイトで使用されています。

表2 使用するプラグイン

プラグイン名	URL
Custom Post Type UI	https://ja.wordpress.org/plugins/custom-post-type-ui/

☐ プラグイン「Custom Post Type UI」をインストールする

まず、プラグイン「Custom Post Type UI」をインストールしましょう。

プラグインを有効にすると、[CPT UI]が追加されます。

□ カスタム投稿タイプを追加する

　プラグインのインストールができたので、次は「制作実績」の投稿タイプを追加しましょう。まずはメニューの[CPT UI]をクリックします。「投稿タイプの追加と編集」というページに移動したら、各項目を設定しましょう。

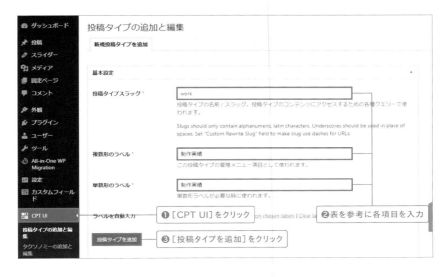

項目に入力する値は以下の通りです。

表3 CPT UI (Custom Post Type UI) の設定値

項目名	設定値
投稿タイプスラッグ	work
複数形のラベル	制作実績
単数形のラベル	制作実績

　上記以外にもたくさんの入力項目がありますが、初期状態のままで問題ありません。管理画面のメニューに［制作実績］が追加されたら、投稿タイプの追加は完了です。

□ 制作実績の記事を追加する

「制作実績」の投稿タイプを追加しましたが、現状記事が1件もないので、画面には何も表示されません。そこで、実際に表示を確認するための記事を投稿します。

記事投稿の操作は、標準の「投稿」と同じです。制作実績の投稿になるので、制作物の画像や依頼内容、こだわりなどを掲載しましょう。

記事が書き終わったら、アイキャッチ画像を設定します。アイキャッチ画像とは、記事一覧などで記事タイトルと一緒に表示されるイメージ画像です。アイキャッチ画像特有の制限などはありませんが、以下の内容を参考に画像を用意してください。なお、記事内の画像と同じ画像を使用しても問題ありません。

● **アイキャッチ画像で使えるファイル形式**

jpg、jpeg、jpe、gif、png、bmp、tif、tiff、ico

● **画像サイズ**

1MB以下を推奨

　アイキャッチ画像を設定したら、記事を公開します。

この後、制作実績の一覧を作成するので、もう1件、同様の手順で記事を作成しておきましょう。

これで、カスタム投稿タイプの追加と、カスタム投稿タイプの記事の作成が完了しました。

「制作実績」ページを作成する

次は、新しく追加した投稿タイプ「制作実績」の記事を一覧で表示する、「制作実績」ページを作ります。制作実績ページは固定ページで作成するので、制作実績ページ専用のテンプレートファイルを作成します。

 Point ────────────────

固定ページとは

WordPressでは「投稿」とは別に、固定ページを作成できます。固定ページは投稿とは異なり、カテゴリーやタグなどに属さず独立しているものです。Webサイト上では、固定ページは「会社概要」「お問い合わせ」といったページで使われます。固定ページに表示する内容は、テンプレートを修正することで柔軟なカスタマイズが可能です。本書のサンプルサイトでは、以下のページが固定ページで作成します。

- サイトについて
- サービス紹介
- 制作実績
- お問い合わせ
- サイトマップ

Point

固定ページのテンプレート階層

Chapter 2-09（P.127）でテンプレート階層について説明しましたが、固定ページにも、レイアウトの骨組みとなる「テンプレート」が適用されています。標準で「page.php」というテンプレートファイルが適用されますが、個別にデザインや構成要素を変更したい場合は、その仕様に合わせたテンプレートを用意する必要があります。

固定ページのテンプレート階層は、下記の通りです。

①カスタムテンプレートファイル　※オリジナルの名前になる
②page-{slug}.php　※{slug}には、スラッグが入る
③page-{id}.php　※{id}には、ページIDが入る
④page.php
⑤singular.php
⑥index.php

上記のテンプレート階層に沿ってテンプレートを作成し、HTMLやCSSなどでそれぞれをカスタマイズすると、独自のテンプレートになります。

　制作実績のテンプレートを作るために、元となるファイル「page.php」を同じフォルダー内にコピーし、「page-works.php」という名前で保存します。このように、固定ページ用のテンプレートファイルは、「page-【文字列】.php」という名前で保存します。【文字列】の部分は、使用用途や条件などがわかりやすい文字列にしましょう。今回は、制作実績（works）ページ用なので、「works」という文字列にします。

　では、管理画面でテンプレートを選択できるように、PHPファイルの冒頭に下記のようなPHPコメント文を記述しましょう。「**Template Name**」を設定すると、固定ページ編集画面でテンプレートを選択できるようになります。

PHP　/wp-content/themes/test/page-works.php

```php
<?php
/*
Template Name: 制作実績        ← テンプレートをコメントで追加
*/

if(!defined('ABSPATH')) exit;
get_header();
?>
```

Chapter 3

□ 制作実績ページのテンプレートを作成する

テンプレートの準備ができたので、管理画面で固定ページを作成します。

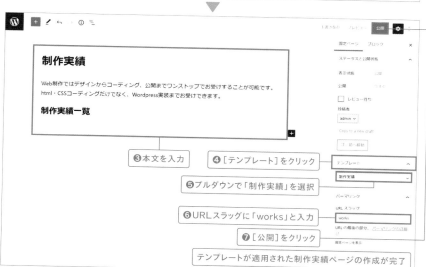

page-works.phpは現状、page.phpにコメントを追加しただけの状態なので、見た目は変わりません。これから、制作実績を表示するためのカスタマイズをしていきます。

まずは、page-works.phpを次のように書き換えます。

PHP /wp-content/themes/test/page-works.php

```php
<?php
/*
Template Name: 制作実績
*/

if (!defined('ABSPATH')) exit;
get_header();
?>

<section class="contents-column">
  <div class="contents-column-body">

    <div class="post-area">
      <?php the_content();  //固定ページエディターの内容を出力 ?>
    </div>

    <?php
    $args = array(
      'post_type' => 'work', //投稿タイプのスラッグを指定
      'post_status' => 'publish', //公開済みの投稿を指定
      'posts_per_page' => -1, //投稿件数の指定(-1は全件取得)
    );
    $the_query = new WP_Query($args); //記事を取得
    if ($the_query->have_posts()) { //記事が取得できたか
    ?>
      <div class="works-box">
        <ul class="works-lists">
          <?php
          while ($the_query->have_posts()) {          ────── ループ開始
            $the_query->the_post();   //ループのカウントアップ
          ?>
          <li class="works-list">
            <a class="works-link" href="<?php the_permalink(); //
記事リンク ?>">
              <div class="works-link-thumb"><img src="<?php the_
post_thumbnail_url(); //記事サムネイル ?>" alt=""></div>
              <div class="works-link-body">
                <h3 class="works-link-title"><?php the_title();
//記事タイトル ?></h3>
                <p class="works-link-text"><?php echo get_the_
excerpt(); //記事要約文 ?></p>
              </div>
            </a>
          </li>
          <?php
          }          ────── ループ終了
          wp_reset_postdata();
          ?>
```

```
          </ul>
        </div>
    <?php
    }
    ?>
  </div>
</section>

<?php wp_reset_query(); ?>

<?php get_footer(); ?>
```

「制作実績」の記事の内容を、ループ処理で表示しています。「post_type」には表示したい投稿タイプのスラッグを入力するので、「work」と指定します。制作実績1件が「works-list」というclassの要素で囲まれているので、その外側にループの開始と終了のコードを挿入します。

記事で入力した内容を表示するには、テンプレートタグの入力が必要です。今回使用したテンプレートタグは、以下の通りです。

表4 テンプレートタグの種類

テンプレートタグ	処理
the_permalink()	記事のURLを出力
the_post_thumbnail_url()	記事のアイキャッチ画像を出力
the_title()	記事のタイトルを出力
get_the_excerpt()	記事の抜粋を取得

続いて、custom.cssに次のCSSを追加します。

CSS /wp-content/themes/test/shared/css/custom.css

```
.main-contents .contents-
column .contents-column-body
.works-lists {
    display: grid;
    grid-template-columns:
repeat(2,1fr);
    gap: 2em;
}
@media screen and (max-width:
768px) {
```

```
    .main-contents .contents-
column .contents-column-body
.works-lists {
        display: grid;
        grid-template-columns:
repeat(1,1fr);
        gap: 1em;
    }
}
.main-contents .contents-
column .contents-column-body
.works-link {
```

```css
    display: block;
    border: 2px solid;
    min-height: 100%;
}
.main-contents .contents-
column .contents-column-body
.works-link-thumb img {
    aspect-ratio: 16 / 9;
    object-fit: cover;
    object-position: 50%;
    width: 100%;
}
.main-contents .contents-
column .contents-column-body
.works-link-body {
    padding: 30px;
}
@media screen and (max-width:
768px) {
    .main-contents .contents-
column .contents-column-body
.works-link-body {
        padding: 20px;
```
```css
    }
}
.main-contents .contents-
column .contents-column-body
.works-link-title {
    font-size: 20px;
    margin-bottom: 10px;
}
@media screen and (max-width:
768px) {
    .main-contents .contents-
column .contents-column-body
.works-link-title {
        font-size: 18px;
    }
}
.main-contents .contents-
column .contents-column-body
.works-link-text {
    color: #999;
    font-size: 12px;
}
```

実際に表示を確認してみましょう。これで制作実績一覧ページの完成です。
続いて、制作実績の詳細ページを作成します。

制作実績詳細ページのテンプレートを変更する

　制作実績詳細ページのテンプレートを作成するために、元となるファイル「single.php」を同じフォルダー内にコピーし、「single-work.php」という名前で保存します。このように、記事詳細ページ用テンプレートファイルは「single-【文字列】.php」という名前で保存します。【文字列】の部分は投稿タイプのスラッグと合わせる必要があるので、「single-work.php」とします。
　single-work.phpは現状、single.phpをコピーしただけの状態なので、見た目は変わりません。今回、制作実績には日付やサイドバーを表示しないので、よりシンプルな形へ修正します。

PHP /wp-content/themes/test/single-work.php

```php
<?php
if (!defined('ABSPATH')) exit;
get_header();
```

```
?>

<section class="contents-column">
  <div class="contents-column-body">

    <div class="post-area">
      <?php the_content(); ?>
    </div>

  </div>

</section>

<?php wp_reset_query(); ?>

<?php get_footer(); ?>
```

実際に表示を確認してみましょう。これで制作実績詳細ページの作成は完了です。

02 カスタムタクソノミー（カスタム分類）

WordPressでは、記事に「タクソノミー（分類）」を設定できます。タクソノミーは記事を分類するのに使用され、1つの記事に複数設定することが可能です。記事をわかりやすく管理するためにも、覚えておきたいカスタマイズです。

執筆者 稲葉和希

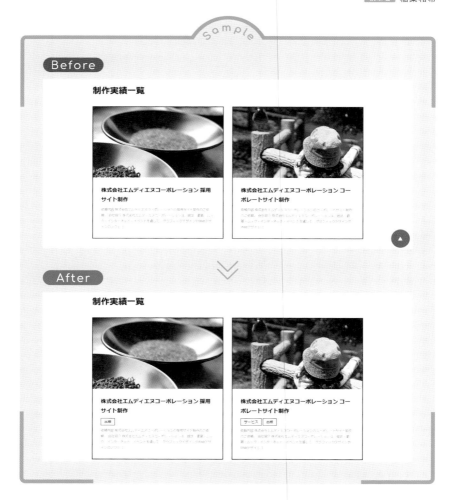

WordPressに用意されているタクソノミー

WordPressの「投稿」機能には、標準で以下の2つのタクソノミーが設定されています。

表1 WordPress標準のタクソノミー

タクソノミーの名称 (ラベル)	スラッグ	概要
カテゴリー	category	主に記事のグループ分けに使用
タグ	tag	投稿ごとに入力でき、カテゴリーに比べ自由度が高い

たとえば、「投稿」機能をお知らせとして使用する場合、「最新情報」「イベント情報」「採用情報」といったカテゴリーを登録することが考えられます。カテゴリーを、お知らせの分類として使いやすいように最適化していくと、**他の投稿タイプである「制作実績」などには使いづらくなっていきます。**そこで今回は、カスタム投稿タイプ「制作実績」用にタクソノミーを作成します。

カスタムタクソノミーを追加する

管理画面でメニューの[CPT UI]をクリックします。「タクソノミーの追加と編集」というページに移動したら、表2を参考に各項目を設定します。

表2 CPT UIの設定値

項目名	設定値
タクソノミースラッグ	industry
複数形のラベル	業種
単数形のラベル	業種
利用する投稿タイプ	「制作実績」にチェック
階層	真
管理画面でカラムを表示	真

　「制作実績」専用のタクソノミーなので、利用する投稿タイプでは、「制作実績」のみをチェックします。

　「階層」を「真」に設定すると、標準実装されているカテゴリーのようにチェック項目がリストで表示され、「偽」に設定すると、タグのような入力欄が表示されます。今回はカテゴリーに近い実装にするので、「真」を設定してください。

　「管理画面でカラムを表示」を「真」にすると、管理画面の記事一覧画面に分類が表示されるようになります。タクソノミーの値に何が選択されているのか、投稿の編集画面を開かずとも確認できるので便利です。

　設定が完了したら、[タクソノミーの追加]をクリックして保存します。

タームを追加する

　タクソノミーを追加できたので、続けてタームを追加します。**ターム**とは、カテゴリーやタグなどのタクソノミー（分類）に含まれる項目のことです。たとえば、以下のようなタームが考えられます。

表3 タームの例

タクソノミー（分類名）	ターム（項目名）の例	
お知らせ	最新情報、イベント情報、求人情報など	
業種	サービス業、飲食業、建設業など	

　それでは、実際にタームを追加していきましょう。管理画面から[制作実績]をクリックします。

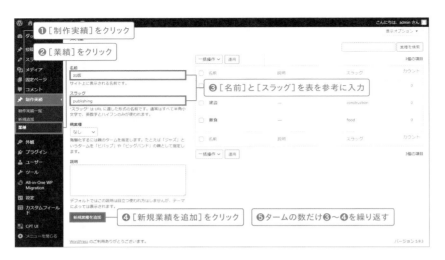

上記のページでは、[名前]と[スラッグ]を設定していきます。[名前]にはタームを追加します。今回は業種のタームを追加するので、「出版」や「サービス」などを追加します。

また[スラッグ]には、タームに対応する単語を記入します。Chapter 2で説明した通り、スラッグは半角英数字で入力する必要があるので注意してください。名前（ターム）とスラッグの対応例は、表4を参考にしてください。

表4 名前（ターム）とスラッグの対応例

名前（ターム）	スラッグ
サービス	service
建設	construction
飲食	food
出版	publishing

制作実績の記事にタクソノミーを設定する

タームの入力が完了したので次は、制作実績の記事にタクソノミーを設定していきましょう。

❶「制作実績」の編集画面を開く

株式会社エムディエヌコーポレーション 採用サイト
制作

❷該当する業種を選択

❸[更新]をクリック

制作実績の記事一覧ページに戻ると、記事タイトルの横に、選択したタクソノミー（ここ
では、業種）が表示されているのを確認できます。

記事タイトル横に業種が表示される

続いて、設定した業種が、P.138で作成した制作実績ページに表示されるようにカスタ
マイズしていきましょう。

カスタムタクソノミーを表示する

☐ 制作実績一覧ページのテンプレートファイルを修正する

制作実績ページに業種を表示するには、記事ごとに処理を行う必要があるため、ループ
している箇所に修正を加えます。今回は、記事タイトルと要約文の間に業種を表示させま
す。次のコードを参考に、page-works.phpを修正してください。

PHP　/wp-content/themes/test/page-works.php（ループ部分抜粋）

```php
<li class="works-list">
  <a class="works-link" href="<?php the_permalink(); //記事リンク ?>">
    <div class="works-link-thumb"><img src="<?php the_post_
thumbnail_url(); //記事サムネイル ?>" alt=""></div>
    <div class="works-link-body">
      <h3 class="works-link-title"><?php the_title(); //記事タイトル
?></h3>
      <?php
      $terms = get_the_terms($post->ID,'industry');
      if($terms) {    //タクソノミーが選択されていたら実行
      ?>
        <ul class="works-link-category">
          <?php
          foreach( $terms as $term ) {    //取得できたタームの数だけループ
開始
          ?>
            <li><?php echo $term->name    //タームの名前を出力 ?></li>
          <?php
          }    //取得できたタームの数だけループ終了
          ?>
        </ul>
      <?php
      }
      ?>
      <p class="works-link-text"><?php echo get_the_excerpt(); //記
事要約文 ?></p>
    </div>
  </a>
</li>
```

> この記事に指定されているタクソノミー（industry）を取得
> （$terms = get_the_terms($post->ID,'industry');）

続いて、custom.cssに次のCSSを追加します。

CSS　/wp-content/themes/test/shared/css/custom.css

```css
.main-contents .contents-
column .contents-column-body
.works-link-category {
    display: flex;
    gap: 4px;
    margin-bottom: 10px;
}
```

```css
.main-contents .contents-
column .contents-column-body
.works-link-category li {
    border: 1px solid;
    padding: 6px 12px;
    font-size: 13px;
    line-height: 1;
}
```

記事に指定されているタクソノミーを取得するには「 **get_the_terms()** 」というテンプレートタグを使用します。パラメーターには「 記事のID, タクソノミーのスラッグ 」と指定する必要があるので、「 $post->ID 」で記事のIDを取得し、タクソノミーのスラッグ「 industry 」を指定します。

　get_the_terms()で 取 得 し た 内 容 を 変 数「 $terms 」に 格 納 し、「 works-link-category 」内で、foreach文を使用して取得したタームの数だけループを繰り返します。「 $term->name 」はタームの名前を取得します。ほかにもスラッグを取得したい場合は「 $term->slug 」とすることで取得できます。

　それでは実際に表示を確認してみましょう。記事タイトルと要約文の間に、業種が表示されていることを確認してください。

□ 制作実績詳細記事ページのテンプレートファイルを修正する

　制作実績一覧ページに業種を表示できたので、single-work.phpを修正して制作実績詳細ページにも表示させましょう。

　詳細ページでは記事本文の上に業種を表示させるために、「 post-area 」の上にコードを追加します。記事一覧ページと同様に、get_the_terms()でタクソノミーを取得し、foreach文で出力していきます。

> **PHP** /wp-content/themes/test/single-work.php（記事部分抜粋）

```php
<section class="contents-column">
  <div class="contents-column-body">
    <?php
    $terms = get_the_terms($post->ID,'industry');
    if($terms) {    //タクソノミーが選択されていたら実行
    ?>
      <ul class="post-category">
        <?php
        foreach( $terms as $term ) {    //取得できたタームの数だけループ開始
        ?>
          <li><?php echo $term->name; //タームの名前を出力  ?></li>
        <?php
```

> この記事に指定されているタクソノミー（industry）を取得

```
        }   //取得できたタームの数だけループ終了
      ?>
    </ul>
  <?php
  }
  ?>
  <div class="post-area">
    <?php the_content(); ?>
  </div>

  </div>

</section>
```

続いて、custom.cssに次のCSSを追加します。

CSS   /wp-content/themes/test/shared/css/custom.css

```
.post-category {
    display: flex;
    gap: 4px;
    margin-bottom: 10px;
}
.post-category li {
```

```
    border: 1px solid;
    padding: 6px 12px;
    font-size: 13px;
    line-height: 1;
}
```

　実際に表示を確認してみましょう。これで制作実績詳細ページにも、業種が表示されるようになりました。

業種が表示された

03 カスタムフィールド

WordPressの記事には標準で、タイトルや本文の入力欄とカテゴリーなどの選択欄しかありません。「カスタムフィールド」とは、記事で使用できる追加の入力欄のことで、カスタム投稿と同様に重要なカスタマイズの1つです。

執筆者 稲葉和希

カスタムフィールドを作成する

ここでは、P.134で作成したカスタム投稿タイプ「制作実績」に、カスタムフィールドを5つ追加します。

□ プラグイン「Advanced Custom Fields」をインストールする

カスタムフィールドを追加するには、**プラグイン「Advanced Custom Fields」**を使用します。

表1　使用するプラグイン

プラグイン名	URL
Advanced Custom Fields	https://ja.wordpress.org/plugins/advanced-custom-fields/

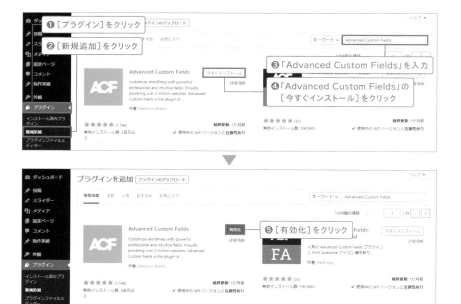

プラグインを有効にすると、[カスタムフィールド]が追加されます。

表2 カスタムフィールド「実績画像1」の設定項目

項目名	値
フィールドラベル	実績画像1
フィールド名	work_img1
フィールドタイプ	画像
返り値のフォーマット	画像URL

同様に、[フィールドを追加]をクリックして、「実績画像2」の設定を行います。

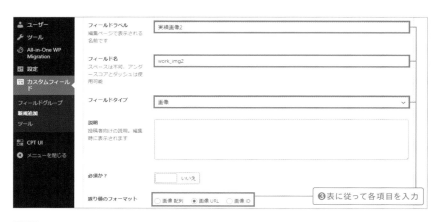

表3 「実績画像2」の設定項目

項目名	値
フィールドラベル	実績画像2
フィールド名	work_img2
フィールドタイプ	画像
返り値のフォーマット	画像URL

同様に、「会社紹介を表示する」の設定を行います。

表4 「会社紹介を表示する」の設定項目

項目名	値
フィールドラベル	会社紹介を表示する
フィールド名	work_company
フィールドタイプ	真／偽
デフォルト値	チェックを入れる
スタイリッシュなUI	はい

同様に、「会社紹介テキスト」の設定も行ってください。

表5 「会社紹介テキスト」の設定項目

項目名	値
フィールドラベル	会社紹介テキスト
フィールド名	work_company_text
フィールドタイプ	テキストエリア
条件判定	はい
このフィールドグループの表示条件	「会社紹介を表示する」「Value is equal to」「Checked」

　最後に、「会社紹介GoogleMap」の設定を行ったら、カスタムフィールドの編集は完了です。

表6 「会社紹介GoogleMap」の設定項目

項目名	値		
フィールドラベル	会社紹介GoogleMap		
フィールド名	work_company_map		
フィールドタイプ	テキストエリア		
条件判定	はい		
このフィールドグループの表示条件	「会社紹介を表示する」「Value is equal to」「Checked」		

カスタムフィールドの入力がすべて完了したら、[公開]をクリックします。

カスタムフィールドには多くの「フィールドタイプ」が存在し、テキストだけでなく画像を設定したり日付を入力できたりします。さらに「条件判定」を設定すると、カスタムフィールドに入力された値で、入力項目の表示を切り替えることが可能です。今回は、「条件判定」によって、「会社紹介を表示する」で「はい」を選択しているときのみ、「会社紹介テキスト」と「会社紹介GoogleMap」を表示する設定にしています。

では実際に、制作実績の投稿画面に、カスタムフィールドが表示されているかを確認してみましょう。設定したカスタムフィールドは、本文の入力欄の下に表示されるはずです。

□ **制作実績の記事のカスタムフィールドを入力**

早速情報を入力していきましょう。

「実績画像1」と「実績画像2」には制作実績として公開したい画像を設定します。「会社紹介を表示する」は「はい」に設定し、「会社紹介テキスト」を入力します。

「会社紹介GoogleMap」にはGoogleMapの埋め込みコードを入力します。埋め込みコードは、GoogleMap（ https://www.google.co.jp/maps/?hl=ja ）で対象の場所を開き、[共有] → [地図を埋め込む]から取得します。

カスタムフィールドの入力内容を記事に表示させる

カスタムフィールドへの入力が完了したので、次は入力した項目が記事に表示されるように、制作実績詳細ページのテンプレートであるsingle-work.phpを修正します。

PHP　/wp-content/themes/test/single-work.php（記事部分抜粋）

```php
<section class="contents-column">
  <div class="contents-column-body">
    <?php
    $terms = get_the_terms($post->ID,'industry');
    if($terms) {
    ?>
      <ul class="post-category">
        <?php
        foreach( $terms as $term ) {
        ?>
          <li><?php echo $term->name ?></li>
        <?php
        }
        ?>
      </ul>
    <?php
    }
    ?>
    <div class="works-gallery-items">
      <?php if( get_field('work_img1') ) {　//「実績画像1」が設定されていた
ら実行 ?>
        <div class="works-gallery-item">
          <img src="<?php the_field('work_img1');　//「実績画像1」の値を出
力 ?>" alt="">
        </div>
      <?php } ?>
      <?php if( get_field('work_img2') ) {　//「実績画像2」が設定されていた
ら実行 ?>
        <div class="works-gallery-item">
```

```
            <img src="<?php the_field('work_img2');    //「実績画像2」の値を出
力 ?>" alt="">
        </div>
      <?php } ?>
    </div>
    <div class="post-area">
    <?php
    the_content();

    if(get_field('work_company') ) {    //「会社紹介を表示する」が設定されてい
たら実行
    ?>
        <div class="works-company">
          <h2>会社紹介</h2>
          <?php if( get_field('work_company_text') ) {    //「会社紹介テキ
スト」が設定されていたら実行  ?>
          <p class="works-company-text">
            <?php the_field('work_company_text');    //「会社紹介テキスト」
の値を出力  ?>
          </p>
          <?php } ?>
          <?php if( get_field('work_company_map') ) {    //「会社紹介
GoogleMap」が設定されていたら実行  ?>
          <div class="works-company-map">
            <?php the_field('work_company_map');    //「会社紹介
GoogleMap」の値を出力  ?>
          </div>
          <?php } ?>
        </div>
      <?php
      }
      ?>
    </div>

  </div>
</section>
```

設定したカスタムフィールドの値を取得するにはテンプレートタグ「 get_field() 」を、出力する場合はテンプレートタグ「 the_field() 」を使用します。それぞれのテンプレートタグにスラッグを指定すると、そのカスタムフィールドの取得／出力が可能になります。

続いて、custom.cssに次のCSSを追加します。

CSS　/wp-content/themes/test/shared/css/custom.css

```
.works-gallery-items {              grid-template-columns:
  display: grid;                repeat(2,1fr);
                                gap: 10px;
```

```
  margin-bottom: 30px;                    .works-company {
}                                           padding: 30px 40px 40px;
@media screen and (max-width:               border: 1px solid;
768px) {                                  }
  .works-gallery-items {                  @media screen and (max-width:
    grid-template-columns:                768px) {
repeat(1,1fr);                              .works-company {
  }                                           padding: 20px;
}                                           }
.works-gallery-item img {                 }
  aspect-ratio: 16 / 9;                   .works-company-map iframe {
  width: 100%;                              width: 100%;
}                                         }
```

　それでは、実際に制作実績詳細ページを開いて表示を確認してみましょう。カスタムフィールドに入力した項目が表示されていることを確認してください。

Chapter

4

サイドバー

01 投稿・カスタム投稿を表示する

サイドバーに投稿を表示すると、記事を読み終わったユーザーを次の記事へと誘導しやすくなります。記事を多く閲覧してもらうことでサービスや思いなどへの理解度が高まり、リピーターになってもらえる可能性が高まります。

執筆者 稲葉和希

Sample

Before

After

サイドバーに最新の投稿を5件表示させる

サイドバーとは、WordPressのメインコンテンツの横に位置する要素のことです。ヘッダーやフッターと同様に、各テンプレートを読み込んで表示します。サイドバーは一般的に、「投稿」などの検索性が必要とされる記事コンテンツの横に表示されます。

まずはサイドバーに、最新の投稿を5件表示させてみましょう。サイドバーのテンプレートは**sidebar.php**、サイドバー用のCSSは**sidebar.css**なので、それぞれ編集します。

PHP　　/wp-content/themes/test/sidebar.php

```php
<?php if (!defined('ABSPATH')) exit; ?>

<ul class="site-sidebar">
  <!-- ▼ここから検索ボックス -->
  <li class="widget widget_block">
    <h3>検索</h3>
  </li>
  <li class="widget widget_block widget_search">
  (省略)
  </li>
  <!-- ▲ここまで検索ボックス -->

  <!-- ▼ここから最新投稿 -->
  <!-- ▲ここまで最新投稿 -->
</ul>
```

sidebar.phpの「▼ここから最新投稿」の位置に、下記コードを挿入します。

PHP　　追加コード (sidebar.php)

```php
<!-- ▼ここから最新投稿 -->
<?php
$args = array(
  'post_type' => 'post', //投稿タイプのスラッグを指定
  'post_status' => 'publish', //公開済みの投稿を指定
  'posts_per_page' => 5, //投稿件数の指定(1は全件表示)
);
$the_query = new WP_Query($args);
if ($the_query->have_posts()) { //記事が取得できたか
?>
  <li class="widget widget_block">
    <h3>最新の投稿</h3>
  </li>
  <li class="widget widget_block widget_recent_entries">
    <ul class="wp-block-latest-posts__list wp-block-latest-posts">
      <?php
```

```
    while ($the_query->have_posts()) {  //ループ開始
      $the_query->the_post();
    ?>
      <li>
        <a href="<?php the_permalink(); //記事リンク ?>">
          <?php the_title(); //記事タイトル ?>
        </a>
      </li>
      <?php
    } //ループ終了
      ?>
    </ul>
  </li>
<?php
}
wp_reset_postdata();
?>
<!-- ▲ここまで最新投稿 -->
```

　「投稿」の記事の内容を、ループ処理で表示します。「post_type」には表示したい投稿タイプのスラッグを入力するので、「post」と記述します。制作実績1件が「li」という要素で囲まれているので、その外側にループの開始と終了のコードを挿入します。
　記事で入力した内容を表示するには、テンプレートタグの入力が必要です。今回使用しているテンプレートタグは、下記の通りです。

表1 sidebar.phpで使用したテンプレートタグ

テンプレートタグ	処理
the_permalink()	記事のURLを出力
the_title()	記事のタイトルを出力

　実際に表示を確認してみましょう。

最新の投稿が5件表示された

記事の投稿日も表示する

　サイドバーに追加した投稿に、記事投稿日も表示したい場合は、下記のようにループ部分を修正します。また、使用するテンプレートタグもあわせて紹介します。

PHP　ループ部分抜粋 (sidebar.php)

```php
<?php
while ($the_query->have_posts()) {   //ループ開始
  $the_query->the_post();
?>
  <li>
    <a href="<?php the_permalink(); // 記事リンク  ?>">
      <time datetime="<?php echo get_the_date('Y-m-d'); //ハイフン区切りの投稿日  ?>">
        <?php echo get_the_date('Y.m.d'); //ドット区切りの投稿日  ?>
      </time><br>
      <?php the_title(); //記事タイトル  ?>
    </a>
  </li>
<?php
} //ループ終了
?>
<!--  ▲ここまで最新投稿 -->
```

表2　修正で使用したテンプレートタグ

テンプレートタグ	処理
get_the_date('Y-m-d')	投稿日を取得 (ハイフン区切り)
get_the_date('Y.m.d')	投稿日を取得 (ドット区切り)

　get_the_date()のパラメーターにはフォーマットを指定できます。

表3　get_the_date()のパラメーター

フォーマット文字列	内容
d	先頭にゼロがつく「日」(01 ～ 31)
j	先頭にゼロがつかない「日」(1 ～ 31)
m	先頭にゼロがつく「月」(01 ～ 12)
n	先頭にゼロがつかない「月」(1 ～ 12)
Y	西暦 (例：2022)

たとえば月日の先頭にゼロを付与したくない場合は「 get_the_date('Y-n-j') 」のように変更します。

それでは実際に表示を確認してみましょう。

投稿日が表示された

アイキャッチ画像も表示する

サイドバーに追加した投稿に、アイキャッチ画像を表示したい場合は、記事にアイキャッチ画像を設定後、下記のようにループ部分を修正します。

PHP ループ部分抜粋 (sidebar.php)

```php
<ul class="wp-block-latest-posts__list wp-block-latest-posts
sidebar-post-lists">
  <?php
  while ($the_query->have_posts()) {    //ループ開始
    $the_query->the_post();
  ?>
    <li class="sidebar-post-list">
      <a class="sidebar-post-link" href="<?php the_permalink(); //記
事リンク  ?>">
        <span class="sidebar-post-thumb">
          <img src="<?php the_post_thumbnail_url(); //記事サムネイル
?>" alt="">
        </span>
        <span class="sidebar-post-body">
          <time datetime="<?php echo get_the_date('Y-m-d'); //ハイフ
ン区切りの投稿日  ?>">
            <?php echo get_the_date('Y.m.d'); //ドット区切りの投稿日  ?>
          </time><br>
          <?php the_title(); //記事タイトル  ?>
        </span>
      </a>
    </li>
  <?php
  }  //ループ終了
  ?>
</ul>
```

見た目を整えるために、sidebar.cssに次のCSSを追加します。

CSS　/wp-content/themes/test/shared/css/sidebar.css

```css
.site-sidebar li.widget
.sidebar-post-lists {
  margin-left: 0;
}
.site-sidebar li.widget ul
.sidebar-post-list {
  margin-bottom: 10px;
  list-style: none;
}
.sidebar-post-link {
  display: flex;

  gap: 14px;
}
.sidebar-post-thumb img {
  width: 80px;
  height: 80px;
  object-fit: cover;
}
.sidebar-post-body {
  flex: 1 0 0%;
}
```

それでは実際に表示を確認してみましょう。

アイキャッチ画像が表示された

サイドバーにカスタム投稿を表示する

　サイドバーに、カスタム投稿を表示することも可能なので紹介しておきましょう。カスタム投稿の表示は、投稿を表示するときの方法を応用することで可能です。sidebar.phpの「▼ここから最新投稿」の箇所を、カスタム投稿用に修正します。

PHP　追加コード (sidebar.php)

```php
<!-- ▼ここから制作実績 -->
<?php
$args = array(
  'post_type' => 'work',  //投稿タイプのスラッグを変更
  'post_status' => 'publish',  //公開済みの投稿を指定
  'posts_per_page' => 5,  //投稿件数の指定(-1は全件表示)
);
$the_query = new WP_Query($args);
if ($the_query->have_posts()) {  //記事が取得できたか
?>
  <li class="widget widget_block">
    <h3>制作実績</h3>
  </li>
```

```php
  <li class="widget widget_block widget_recent_entries">
    <ul class="wp-block-latest-posts__list wp-block-latest-posts
sidebar-post-lists">
      <?php
      while ($the_query->have_posts()) {   //ループ開始
        $the_query->the_post();
      ?>
        <li class="sidebar-post-list">
          <a class="sidebar-post-link" href="<?php the_permalink();
//記事リンク  ?>">
            <span class="sidebar-post-thumb">
              <img src="<?php the_post_thumbnail_url(); //記事サムネ
イル  ?>" alt="">
            </span>
            <span class="sidebar-post-body">
              <time datetime="<?php echo get_the_date('Y-m-d'); //
ハイフン区切りの投稿日  ?>">
                <?php echo get_the_date('Y.m.d'); //ドット区切りの投稿日
?>
              </time><br>
              <?php the_title(); //記事タイトル  ?>
            </span>
          </a>
        </li>
      <?php
      } //ループ終了
      ?>
    </ul>
  </li>
<?php
}
wp_reset_postdata();
?>
?>
<!--  ▲ここまで制作実績  -->
```

それでは実際に表示を確認してみましょう。

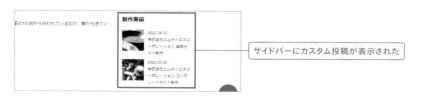

サイドバーにカスタム投稿が表示された

02 アーカイブを表示する

アーカイブは、記事を年数別や月別で探すことができる機能です。今回は、サイドバーに
アーカイブを表示する3つの方法（月別表示・年別表示・プルダウンメニュー表示）を紹介
します。

執筆者 稲葉和希

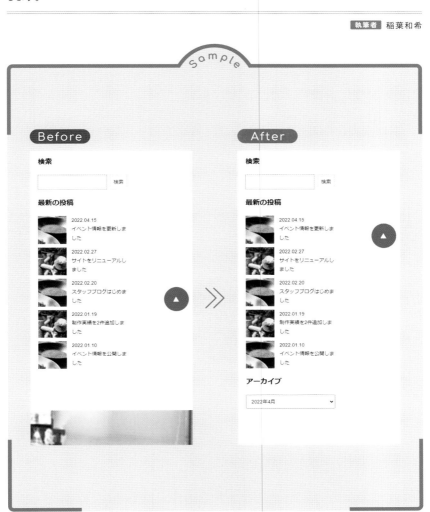

アーカイブを月別で表示する

月別表示はアーカイブでは1番オーソドックスな表示となります。sidebar.phpの「▼こ
こからアーカイブ」の部分を、下記のように修正します。

PHP /wp-content/themes/test/sidebar.php

```php
<?php if (!defined('ABSPATH')) exit; ?>

<ul class="site-sidebar">
  <!-- ▼ここから検索ボックス -->
  （省略）
  <!-- ▲ここまで検索ボックス -->

  <!-- ▼ここから最新投稿 -->
  （省略）
  <!-- ▲ここまで最新投稿 -->

  <!-- ▼ここからアーカイブ -->
  <li class="widget widget_block">
    <h3>アーカイブ</h3>
  </li>
  <li class="widget widget_block widget_archive">
    <ul class=" wp-block-archives-list wp-block-archives">
      <?php wp_get_archives(); //アーカイブを月別で表示 ?>
    </ul>
  </li>
  <!-- ▲ここまでアーカイブ -->
</ul>
```

「**wp_get_archives()**」というテンプレートタグを使用します。li要素で囲まれた月別
アーカイブのリンクがデフォルトで生成されるので、1行で簡単に表示できます。

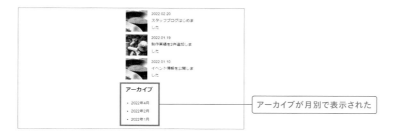

アーカイブが月別で表示された

年別で表示する

wp_get_archives()のパラメーターに「type=monthly」を入力すると、年別で表示できます。

PHP アーカイブ部分抜粋（sidebar.php）

```
<li class="widget widget_block widget_archive">
  <ul class=" wp-block-archives-list wp-block-archives">
    <?php wp_get_archives('type=yearly'); //アーカイブを年別で表示 ?>
  </ul>
</li>
```

アーカイブが年別で表示された

プルダウンメニューで表示する

wp_get_archives()のパラメーターに「format=option」と入力すると、プルダウンメニューで使用するoption要素を出力できます。
下記のようにコードを修正します。

PHP アーカイブ部分抜粋（sidebar.php）

```
<li class="widget widget_block widget_archive">
  <select onChange='document.location.href=this.options[this.
selectedIndex].value;'>
    <option value="">月を表示</option>
    <?php wp_get_archives('format=option'); ?>
  </select>
</li>
```

wp_get_archives()でoption要素が出力されますが、初期値を設けることでわかりやすくなるのでvalueの値を空にしたoption要素を「wp_get_archives」の前に設置します。option要素の中身の文字は月別アーカイブであることが伝わるようにしましょう。
また、初期値と出力したoption要素を囲む形でselect要素を追加します。これで出力されたHTMLの見た目がプルダウンメニューに変わります。
しかしこの状態だとプルダウンメニューを選択しても何も起こらないので、選択後アーカイブページへ移動するようにJavaScriptを設定します。

HTML　実際に出力されるコード（アーカイブのselect要素部分）

```
<select onchange="document.location.href=this.options[this.
selectedIndex].value;">
  <option value="">月を表示</option>
  <option value="https://bookwp.wp/2022/04/"> 2022年4月 </option>
  <option value="https://bookwp.wp/2022/02/"> 2022年2月 </option>
  <option value="https://bookwp.wp/2022/01/"> 2022年1月 </option>
</select>
```

　実際に出力されたoption要素のvalueには、それぞれの月別アーカイブのURLが出力されています。「select要素（プルダウンメニュー）が変更されたとき」に「選択したoptionのvalue値」を「リンク先に設定する」処理をJavaScriptで設定します。

HTML　ページを移動させるJavaScript（アーカイブのselect要素部分）

```
<select onchange="document.location.href=this.options[this.
selectedIndex].value;">
  （省略）
</select>
```

　「onchange属性」にJavaScriptを記述することで、プルダウンメニューを変更したときに処理を実行することが可能です。最後にCSSでプルダウンメニューをクリックしやすいように調整します。sidebar.cssに次のCSSを追加します。

CSS　追加CSS（sidebar.css）

```
.site-sidebar select {
  width: 100%;
  padding: 10px;
}
```

　それでは実際に表示を確認してみましょう。

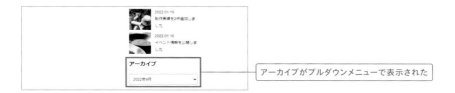

アーカイブがプルダウンメニューで表示された

デザインの
ネタ帳

03 カテゴリー・タグ・カスタムタクソノミーの表示

カテゴリーをはじめ、タグやカスタムタクソノミー（カスタム分類）の表示はサイドバーのカスタマイズでも特に重要なカスタマイズの1つです。多数の投稿から興味があるカテゴリーだけ閲覧することが可能になるので、ユーザーにとって有益なカスタマイズです。

執筆者 稲葉和希

カテゴリーをすべて表示する

まずは、サイドバーにカテゴリーをすべて表示してみましょう。sidebar.phpの「▼ここからカテゴリー」の部分を、下記のように修正します。

PHP /wp-content/themes/test/sidebar.php

```php
<?php if (!defined('ABSPATH')) exit; ?>

<ul class="site-sidebar">
  <!-- ▼ここから検索ボックス -->
  (省略)
  <!-- ▲ここまで検索ボックス -->


  <!-- ▼ここから最新投稿 -->
  (省略)
  <!-- ▲ここまで最新投稿 -->


  <!-- ▼ここからアーカイブ -->
  (省略)
  <!-- ▲ここまでアーカイブ -->


  <!-- ▼ここからカテゴリー -->
  <li class="widget widget_block">
    <h3>カテゴリー</h3>
  </li>
  <li class="widget widget_block widget_categories">
    <ul class="wp-block-categories-list wp-block-categories">
      <?php
      $terms = get_terms('category'); //表示するタクソノミーの指定(カテゴリー)
      foreach ($terms as $term) { //カテゴリーの数だけループ:開始
        echo '<li class="cat-item">
              <a href="'.get_term_link($term).'">'.$term->name.'</a>
              </li>';
      } //カテゴリーの数だけループ:終了
      ?>
    </ul>
  </li>
  <!-- ▲ここまでカテゴリー -->
</ul>
```

get_terms()というテンプレートタグで、カテゴリーを全件取得することが可能です。取得したカテゴリー情報をforeach文でループ処理を行い、1件ずつ表示します。

取得したカテゴリー情報を出力するには、次の表のように入力が必要です。

コード	内容	
get_term_link($term)	そのカテゴリーが付与されている記事一覧のURLを取得	
$term->name	そのカテゴリーの名前を取得	

表1 取得したカテゴリー情報を出力するのに必要な記述

実際に表示を確認してみましょう。サイドバーにカテゴリーがすべて表示されるはずです。

各カテゴリーの記事数を表示する

次は、カテゴリー名の横に記事数を表示するカスタマイズです。sidebar.phpのループ部分を、下記のように修正します。

PHP　ループ部分抜粋 (sidebar.php)

```php
<?php
$terms = get_terms('category');
//表示するタクソノミーの指定(カテゴリー)
foreach ($terms as $term) { //
カテゴリーの数だけループ:開始
  echo '<li class="cat-item">
          <a href="'.get_term_
link($term).'">'.$term->name.'</
a> ('.$term->count.')
          </li>';
} //カテゴリーの数だけループ:終了
?>
```

「 $term->count 」と記述すると、そのカテゴリーの記事数を取得することが可能です。実際に表示を確認してみましょう。

カテゴリーの記事数が表示された

今回はリンクの外側に記事数を表示していますが、リンクの内側に記事数を表示する場合は、下記のように修正します。

PHP　カテゴリーリンク部分抜粋 (sidebar.php)

```php
<a href="'.get_term_link($term).'">'.$term->name.' ('.$term->count.')</
a>
```

これは特殊な修正ではなく、「 $term->count 」の位置がa要素の内側に移動しただけ

です。記事数をリンクの外側と内側どちらに表示するかは、お好みで調整してください。

特定のカテゴリーのみ表示する

　場合によっては、一部のカテゴリーを非表示にしたいときもあるかもしれません。その際は、get_terms()のパラメーターの指定を下記のように変更します。

PHP ループ部分抜粋（ sidebar.php ）

```php
<?php
$terms = get_terms('category', array( //タクソノミーの指定
  'slug' => array('cat-info','cat-blog'),   //タームの指定
) );
foreach ($terms as $term) {
  echo '<li class="cat-item">
          <a href="'.get_term_link($term).'">'.$term->name.' ('.$term->count.')</a>
        </li>';
}
?>
```

　get_terms()のパラメーターで「 slug 」の指定をすると、指定したslugのタームのみを表示することができます。この指定は「 array 」の中でカンマ区切りで増やすことが可能です。
　実際に表示を確認してみましょう。

特定のカテゴリーのみ表示された

カテゴリーの順番を変更する

　サイドバーに表示したカテゴリーの順番を変更するには、**プラグイン「 Category Order and Taxonomy Terms Order 」**を使用します。

表2 使用するプラグイン

プラグイン名	URL
Category Order and Taxonomy Terms Order	https://ja.wordpress.org/plugins/taxonomy-terms-order/

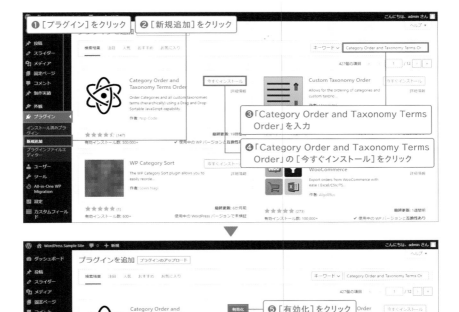

プラグインを有効にすると、[投稿] に [タクソノミーの並び順] が追加されます。[タクソノミーの並び順] をクリックすると、カテゴリーの一覧が表示されます。カテゴリーをドラッグすると順番を入れ替えることが可能です。順番を入れ替えた後は、[更新] をクリックして、並び順を保存します。

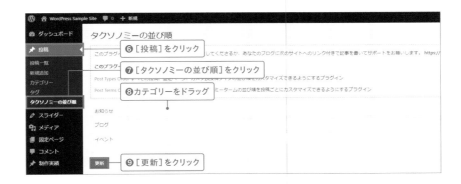

タグを表示する

　タグを表示するには、カテゴリーの場合とほぼ同じです。get_terms()のタクソノミーの指定を「post_tag」に変更することで、タグを表示可能です。

PHP ループ部分抜粋 (sidebar.php)

```php
<?php
$terms = get_terms('post_tag'); //タクソノミーの指定を「post_tag」に変更
foreach ($terms as $term) { //タグの数だけループ：開始
  echo '<li class="cat-item">
          <a href="' . get_term_link($term) . '">' . $term->name .
' (' . $term->count . ')</a>
        </li>';
} //タグの数だけループ：終了
?>
```

カスタムタクソノミー（カスタム分類）を表示する

　サイドバーに、カスタムタクソノミーを表示することも可能なので紹介しておきましょう。get_terms()のタクソノミーの指定をカスタムタクソノミーのスラッグに変更することで、タグを表示可能です。

PHP ループ部分抜粋 (sidebar.php)

```php
<?php
$terms = get_terms('industry'); //タクソノミーの指定を
foreach ($terms as $term) { //タグの数だけループ：開始
  echo '<li class="cat-item">
          <a href="' . get_term_link($term) . '">' . $term->name .
' (' . $term->count . ')</a>
        </li>';
} //タグの数だけループ：終了
?>
```

Chapter

5

画像／ギャラリー／SNS

01 画像のポップアップ表示

WordPress内の画像を、拡大表示させたいときは、画像をポップアップさせる機能を追加すると、閲覧しやすくなります。使用するケースは多々あるので、試してみましょう。画像をポップアップ表示させるには、プラグインを使っていきます。

執筆者 伊藤麻奈美（株式会社KLEE）

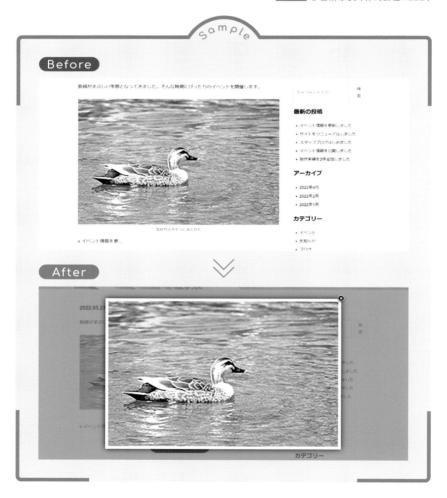

画像をポップアップ表示させる

　通常、WordPressで画像を表示させると、コンテンツの幅に収まるサイズで表示されます。その場合、画像が拡大表示されることはありません。そこで、画像をクリック（スマートフォンではタップ）した際に、拡大表示されるようにしてみましょう。ここでは、**プラグイン**「**Easy FancyBox**」を使ってポップアップ設定を行います。

表1 使用するプラグイン

プラグイン名	URL
Easy FancyBox	https://ja.wordpress.org/plugins/easy-fancybox/

□ プラグイン「Easy FancyBox」のインストール

　まずは、プラグイン「Easy FancyBox」をインストールしましょう。

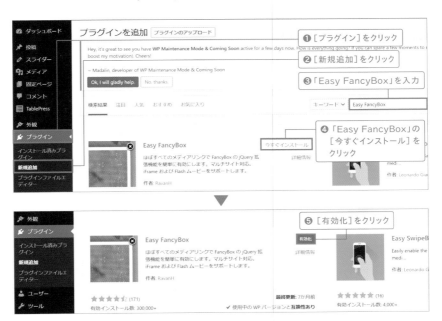

　Easy FancyBoxをインストールすると、［設定］の［メディア］に、ポップアップの表示設定が追加されます。

Chapter 5

ポップアップの表示設定が追加されますが、何も設定せずともポップアップはできるので、ひとまずはこのまま進みます。

□ 記事へ画像を追加する

［投稿］の［新規追加］から記事の投稿画面を表示し、画像を追加してください。

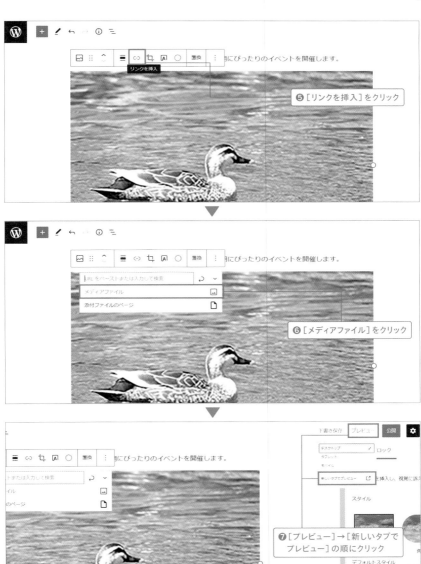

❺［リンクを挿入］をクリック

❻［メディアファイル］をクリック

❼［プレビュー］→［新しいタブで
プレビュー］の順にクリック

表示されたプレビュー上の画像をクリックすると、画像のポップアップが確認できます。

画像のポップアップが確認できたら、元の画面で[公開]または[更新]をクリック

画像／ギャラリー／ＳＮＳ

 Attention

画像リンクの設定

画像リンクを挿入する際、[メディアファイル]ではなく[添付ファイルのページ]を設定すると、ポップアップが動作しません。[添付ファイルのページ]の場合、画像をクリックすると、以下のような画面になります。

画像が表示される

この後ブラウザで戻らなければ、前のページに戻れません。ユーザーにとってわずらわしいため、リンク設定は[メディアファイル]を選択しましょう。

画像のサイズを調整する

本文中の画像は小さくして、ポップアップは大きい表示のままにすることも可能です。本文中の画像を小さくするには、記事の投稿画面で画像をドラッグしてサイズ調整を行います。

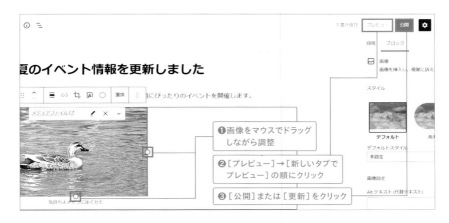

ドラッグではなく、数値で調整することも可能です。ただし、「幅」と「高さ」の場合、入力した数値に合わせて画像の比率が変わるので、注意が必要です。画像の比率を保ちたいときは、25％〜100％の比率を選択してサイズ調整しましょう。

設定すると、本文中の画像サイズは小さくなります。そして画像をクリックすると、先ほどと同じように、ポップアップ表示されます。

「Easy FancyBox」で設定できる項目

ポップアップは表示の仕方やサイズ、色など細かく設定できます。どのような設定があるのかを紹介します。

表2 「Easy FancyBox」の設定項目

設定項目	概要
メディア	ポップアップ表示を有効にするメディア形式を指定する
オーバーレイ	オーバーレイ（ポップアップ画像の背景）を指定する
ウィンドウ＞外観	ポップアップ画像の窓の外観を指定する
ウィンドウ＞寸法	ポップアップ画像の窓のサイズや枠線を指定する
ウィンドウ＞動作	ポップアップ画像の窓を表示するときの動きを指定する
その他	ポップアップやjQueryを指定する

表3　「Easy FancyBox」の画像に関する設定項目

設定項目	概要
画像	ポップアップする画像の拡張子を指定する
画像＞動作	ポップアップ画像の表示の仕方を指定する
画像＞外観	ポップアップ画像のタイトル表示を指定する
画像＞ギャラリー	ポップアップ画像のギャラリーを指定する

　上記のギャラリーとは、複数の画像を横並びにする機能です。ギャラリー機能を設定した画像と連携して、ポップアップ表示することもできます。詳しくは次節（P.194〜）を参照してください。

 Point

有料プラグイン「Easy FancyBox – Pro」

プラグインには、無料のものと有料のものがあります。Easy FancyBoxでは一部機能が制限されていますが、有料版の「Easy FancyBox – Pro」（https://premium.status301.com/downloads/easy-fancybox-pro/）を購入すると、それら機能を使用できます。デザインや機能性にこだわりたいときに、導入するといいでしょう。

・ 193 ・

02 ギャラリー

画像を多く掲載する際、画像を3つずつ、または4つずつなど、横並びにしたいときがあります。その場合は「ギャラリー」機能を使うと、画像をまとめてすっきりと掲載できるので、ここではギャラリーの設定方法について紹介しましょう。

執筆者 伊藤麻奈美（株式会社KLEE）

ギャラリーを設定する

ギャラリーは、投稿を編集するときに設定できます。

❶投稿の編集画面を開く

❷タイトルと本文を入力

❸ブロックを追加して［ギャラリー］をクリック

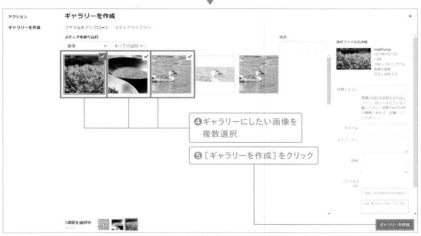

❹ギャラリーにしたい画像を複数選択

❺［ギャラリーを作成］をクリック

画像／ギャラリー／ＳＮＳ

❻必要に応じてキャプションを入力

❼［ギャラリーを挿入］をクリック

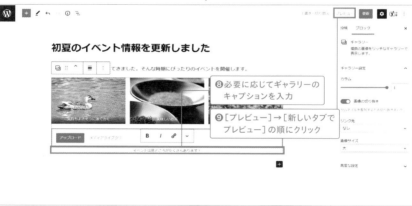

❽必要に応じてギャラリーの
キャプションを入力

❾［プレビュー］→［新しいタブで
プレビュー］の順にクリック

ギャラリーの表示が確認できたら、
元の画面で［公開］をクリック

ギャラリーに画像を追加する

　ギャラリーには、記事の新規作成時だけではなく、後から画像を挿入することも可能です。

❶記事の投稿画面でギャラリーを
クリック

❷［ギャラリーを選択］を
クリック

❸［アップロード］または
［メディアライブラリ］
をクリック

❹ギャラリーに追加したい画像を選択

❺［ギャラリーに追加］をクリック

❻必要に応じてキャプションを入力

❼［ギャラリーを更新］をクリック

❽［プレビュー］→［新しいタブで
プレビュー］の順にクリック

ギャラリーの表示が確認できたら、
元の画面で［更新］をクリック

ギャラリーをすべて横並びにする

ギャラリーでは、画像をすべて横並びにすることも可能です。

その際カラムには、画像を3つずつ並べたいときは「3」、5つずつ並べたいときは「5」のように、任意の数を入力します。

ギャラリーをポップアップ表示させる

ギャラリーは画像をクリックして拡大表示する「ポップアップ」も設定できます。ポップアップ表示の設定には、前節で解説した、プラグイン「Easy FancyBox」を使用します。プラグインのインストールや設定方法については、P.187を参照してください。

□ ギャラリーを一括でポップアップ表示

投稿したギャラリーを一括で、ポップアップ表示させる設定を紹介します。

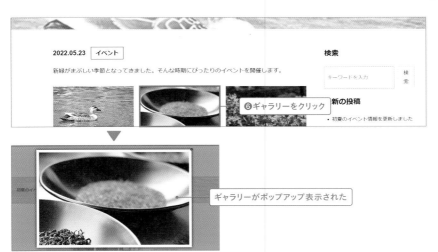

❻ギャラリーをクリック

ギャラリーがポップアップ表示された

そのほかのギャラリー画像もクリックすると、ポップアップ表示されます。

👆 Point

ギャラリーにナビゲーションを付ける

ギャラリーを閲覧して次の画像を見たいとき、その都度ポップアップを閉じて画像を開くのはわずらわしいでしょう。その場合は、ギャラリーにナビゲーションを付けることをおすすめします。

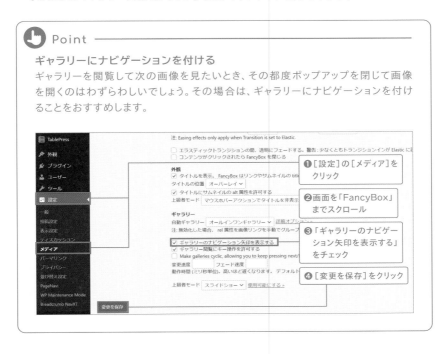

❶［設定］の［メディア］をクリック

❷画面を「FancyBox」までスクロール

❸「ギャラリーのナビゲーション矢印を表示する」をチェック

❹［変更を保存］をクリック

□ ギャラリーを個別でポップアップ表示

ギャラリーの中の特定の画像のみをポップアップ設定することも可能です。

ギャラリーをカスタマイズできる主なプラグイン

　ギャラリーに使えるプラグインもあります。デザインや機能性にこだわりたいときにおすすめなのでいくつか紹介しましょう。

□ プラグイン「Robo Gallery」

　プラグイン「Robo Gallery」をインストールすると、ギャラリー専用の投稿ページが立ち上がります。レイアウトが豊富に用意されており、ギャラリーの幅や色、文字、マウスオーバーなども細かく設定可能です。ギャラリー作成時に「ショートコード」が生成されるので、任意のページに表示できます。なお、本プラグインは有料版もあります。

表1 使用するプラグイン

プラグイン名	URL
Robo Gallery	https://ja.wordpress.org/plugins/robo-gallery/

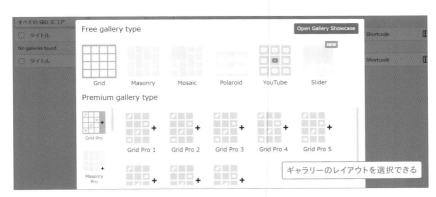

ギャラリーのレイアウトを選択できる

ギャラリー専用ページも作成できる

□ プラグイン「NextGEN Gallery」

プラグイン「NextGEN Gallery」をインストールすると、ギャラリーごとにフォルダーを作成でき、それぞれの画像のタイトル、ディスクリプション、altやタグが管理しやすくなります。なお、本プラグインは有料版もあります。

表2 使用するプラグイン

プラグイン名	URL
NextGEN Gallery	https://ja.wordpress.org/plugins/nextgen-gallery/

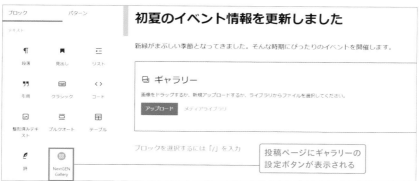

□ プラグイン「FooGallery」

　プラグイン「FooGallery」をインストールすると、ギャラリーのデザインや動作などの管理ができます。設定画面が投稿ページのレイアウトに近いため、投稿ページのような感覚で操作することが可能です。ショートコードの生成やRetinaディスプレイ対応の設定もできます。なお、本プラグインは有料版もあります。

表3 使用するプラグイン

プラグイン名	URL
FooGallery	https://ja.wordpress.org/plugins/foogallery/

投稿ページのような感覚で各種設定が可能

ギャラリー専用ページが作成できる

ショートコードで任意のページに表示できる

03 SNSボタン

Webサイトのアクセス数を上げるために、SNSの活用は欠かせません。公式SNSの
フォローを促したり、ページの「いいね」を得たりといった、共有・拡散を図るための、
WordPressのSNS設定を紹介していきます。まずは、SNSボタンの設置についてです。

執筆者 伊藤麻奈美（株式会社KLEE）

SNSのリンクボタンを追加する

　投稿や固定ページ、ウィジェットにSNSのリンクボタンを設置することができます。ここでは、投稿ページに、Twitter、Facebook、Instagramのアイコンを設置します。

❶投稿の編集画面を開く

❷SNSのリンクボタンを入れたい箇所にカーソルを合わせる

❸[＋]をクリック

❹[ソーシャルアイコン]をクリック

⚠ Attention

ソーシャルアイコンが見当たらないとき
ソーシャルアイコンが見当たらないときは、次の手順で表示できます。

❶[すべて表示]をクリック

❷スクロールして[ソーシャルアイコン]をクリック

選んだソーシャルアイコン（ここではTwitter）が追加されます。追加されたことを確認したら、続いて、FacebookとInstagramのアイコンを追加してみましょう。

画像／ギャラリー／ＳＮＳ

❽ソーシャルアイコン（ここではFacebook）をクリック

Facebookアイコンが追加された

❾［ブロックを追加］から同様の手順で
Instagramアイコンを追加

Instagramアイコンが追加された

Chapter 5

⑩カーソルを合わせる

⑪SNSのURLを入力

⑫［適用］をクリック

⑬同様にURLを入力していく

SNSアイコンの表示を設定する

ここまでの手順で、SNSアイコンの設置は完了しました。設置したアイコンは、スタイルやレイアウトなどの設定も可能です。

スタイル

レイアウト

リンク

アイコンの色や背景色

スタイルのサンプルは次の通りです。

デフォルト

ロゴのみ

カプセル形

レイアウト/配置のサンプルは次の通りです。

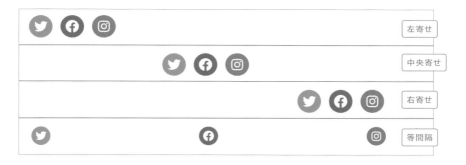

左寄せ

中央寄せ

右寄せ

等間隔

レイアウト/方向のサンプルは次の通りです。

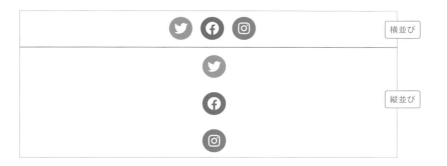

横並び

縦並び

アイコンのリンク設定をしておかないと、SNSアイコンをクリックした際、Webサイトから離脱してしまいます。特別な理由がなければ、[新しいタブでリンクを開く]に設定しておきましょう。

［新しいタブでリンクを開く］をオン

アイコンの色や背景も設定可能です。

「アイコンの色」「アイコン背景」を設定

> ⚠ Attention
>
> **SNSアイコンの使用にはガイドラインがある**
> SNSアイコンの使用については、各社でガイドラインが定められています。アイコンの色変更は不可な場合が多いので、公式サイトなどでガイドラインを確認の上、スタイルを設定しましょう。

アイコンの色やスタイルを設定したら、記事を公開しましょう。公開した記事を確認すると、SNSのリンクボタンが表示されるはずです。

SNSシェアボタンを投稿に追加する

　シェアボタンとは、SNSを使って情報を拡散するためのボタンのことです。記事を閲覧したユーザーがシェアボタンを押すと、他のユーザーに記事を知らせることができます。シェアボタンの追加には、**プラグイン「AddToAny Share Buttons」**を使用します。

表1 使用するプラグイン

プラグイン名	URL
AddToAny Share Buttons	https://ja.wordpress.org/plugins/add-to-any/

　AddToAny Share Buttonsでは、チェックボックスや数値の入力といった簡単な設定でシェアボタンを設置できます。対応するSNSが豊富なことも、特長の1つです。

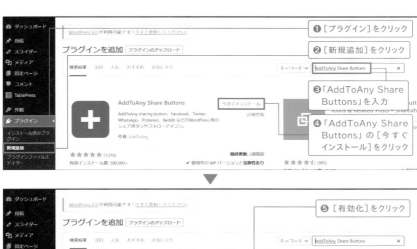

Chapter 5

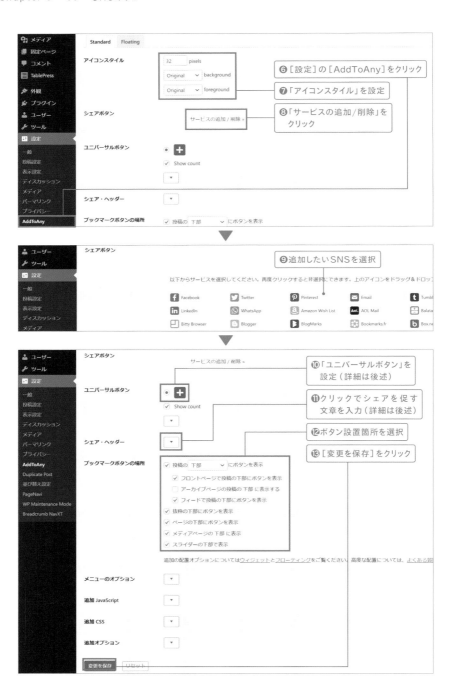

この記事をシェア！

SNSシェアボタンが表示される

« イベント情報を更...

- 2022年4月
- 2022年2月
- 2022年1月

カテゴリー

- イベント
- お知らせ
- ブログ

👆 Point ──────────────────────────────

ユニバーサルボタン

ユニバーサルボタンには、「AddToAny Share Buttons」で対応しているすべての SNS シェアボタンが格納されています。WordPress の管理者が設定した SNS 以外で、ユーザーがシェアしたいときに役立ちます。特別な理由がない限り、設定しておいたほうがいいでしょう。

ユニバーサルボタンをクリックすると SNS シェアボタンが開く

👆 Point ──────────────────────────────

シェア・ヘッダー

シェア・ヘッダーを使うと、SNS シェアボタン上にシェアを促すコメントを設定できます。なくても問題ありませんが、一言添えておくことで、ユーザーに気軽さや親しみやすさを感じさせることが可能です。

必要に応じて設定

Chapter 5

04 SNSの埋め込み ～Instagram

WordPressでは各SNSに合わせた機能やプラグインが存在し、簡単に仕様やデザインを設定し埋め込むことができます。まずはプラグインを使って、フッターにInstagramを埋め込む方法を紹介します。

執筆者 伊藤麻奈美（株式会社KLEE）

Sample

Before

After

フッターにInstagramを埋め込む

プラグイン「Smash Balloon Social Photo Feed」を使うと、簡単な設定で
Instagramを埋め込めます。なお、本プラグインには、無料版と有料版があります。

表1 使用するプラグイン

プラグイン名	URL
Smash Balloon Social Photo Feed	https://ja.wordpress.org/plugins/instagram-feed/

□ プラグイン「Smash Balloon Social Photo Feed」をインストールする

まずは、プラグイン「Smash Balloon Social Photo Feed」をインストールします。

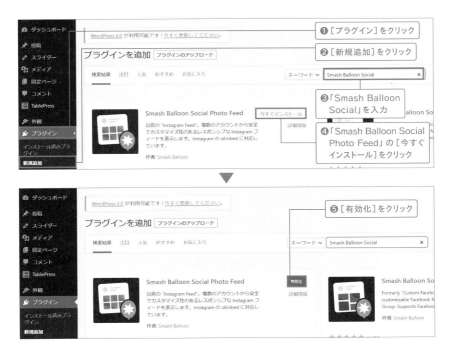

□ Instagramのアカウントを設定する

プラグインを有効にすると、[Instagram Feed]が追加されます。[Instagram
Feed]をクリックして、InstagramのアカウントをWordPressに設定していきます。

画面が変わるまでしばらく待ちます。

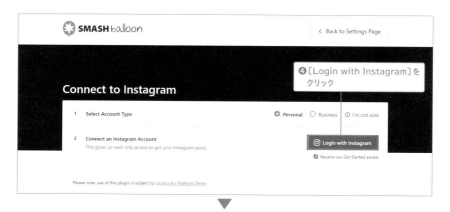

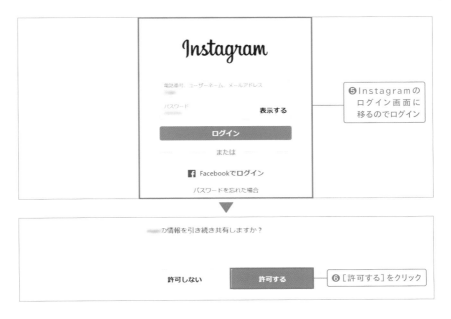

これで、Instagramアカウントが紐付けされました。

□ **Instagramフィードを作成する**

Instagramアカウントを紐付けしたら、Instagramを埋め込みます。ここでは、フッターに埋め込む方法を解説します。

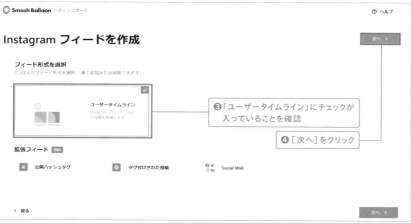

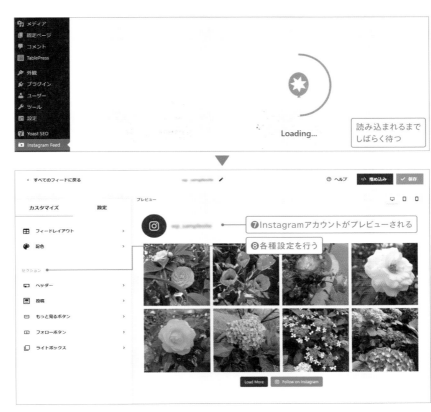

本画面で行える設定は次の通りです。無料版は一部機能が制限されているので、確認しながら進めましょう。

表2 Instagram Feedの設定項目

項目	概要
フィードレイアウト	レイアウトの設定
配色	背景やボタンの色を設定
ヘッダー	アカウントの表示を設定
投稿	画像や動画投稿の設定
もっと見るボタン	「もっと見るボタン」のテキストや色などを設定
フォローボタン	「フォローボタン」のテキストや色などを設定
ライトボックス	写真や動画の表示を設定 (有料版のみ)

各種設定を行ったら、保存します。

Point

Instagramをページやウィジェットに追加する場合

Instagramをページに追加したいなら［ページに追加］、ウィジェットに追加したいなら［ウィジェットに追加］をクリックしましょう。クリックすると、それぞれの編集画面へ遷移します。

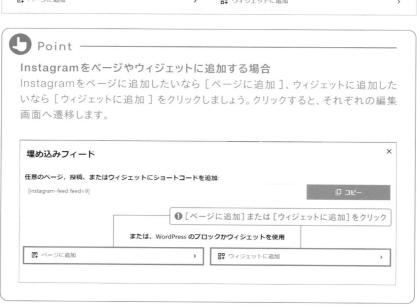

□ フッターにInstagramフィードを埋め込む

Instagramフィードの設定が完了したので、フッターに埋め込みをします。フッターには
ショートコードを呼び出すphpと管理画面で発行したInstagramフィードのショートコード
を記述します。

 Point

PHP内でのショートコードの記述

ショートコードは管理画面上だけではなく、PHPファイル内で呼び出すこともでき
ます。ただ、PHPファイルの場合はショートコードだけを記述しても実行されませ
ん。ショートコードを呼び出すためのPHPを記述する必要があります。ヘッダーや
フッターなど、呼び出したい箇所のテンプレートファイルを開き次のように記述して
ください（[ショートコード]は実際のショートコードを記述してください）。

PHP ショートコードを呼び出す

```php
<?php echo do_shortcode('[ショートコード]'); ?>
```

footer.phpに記述していきます。

PHP /wp-content/themes/test/footer.php

```php
<div class="site-footer-btm">
    <div class="site-footer-btm-body">
        <div class="fnav">
        <?php
        //メニュー表示(footer)
        wp_nav_menu(
            array(
                'theme_location'  => 'footer_menu',
                'container'       => false,
                'items_wrap'      => '<ul class="list">%3$s</ul>',
            )
        );
        ?>
        </div>
        <?php echo do_shortcode('[instagram-feed feed=9]'); ?> <!--
Instagramの埋め込み-->
    </div>
    <div class="site-footer-btm-logo">
        <img src="<?php echo get_template_directory_uri(); ?>/
images/foot-logo.svg" alt="WordPress Sample Site">
```

コードを貼り付け

Chapter 5

```
    <div class="tel">
      TEL.000-000-000
    </div>
  </div>
  <div class="site-footer-btm-copy">
    Copyright © WordPress Sample Site.
  </div>
</div>
```

パソコン時の埋め込み幅をCSSで調整します（スマートフォンでは幅100％で表示されます）。idは、ショートコードから出力された「sb_instagram」を指定します。

CSS /wp-content/themes/test/shared/css/footer.css

```
#sb_instagram {
  margin: 2em auto 0 auto!important;
  width: 33.3%!important; }
```

これで、フッターへのInstagramの埋め込みが完了しました。

Instagramが埋め込まれた

05 SNSの埋め込み ～Twitter

WordPressにはプラグインを使わずにシンプルにSNSを埋め込む機能もあります。フッターや投稿記事などの必要と思う箇所に設定してみましょう。ここではフッターにTwitterを埋め込む方法を紹介します。

執筆者 伊藤麻奈美（株式会社KLEE）

Sample

Before

After

フッターにTwitterを埋め込む

　Twitterの埋め込みタグを生成できる、「Twitter Publish」というサイトがあります。1つのツイートやタイムライン、ツイートボタンなど、何を埋め込むのかの選択とサイズなどの設定で、タグが生成されます。このタグは、WordPressにペーストできます。

▶Twitter Publish
https://publish.twitter.com/

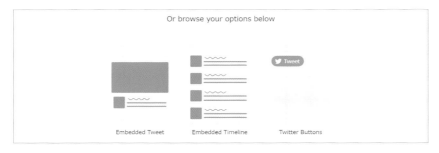

　ウィジェットにTwitterを埋め込む手順は、次の通りです。

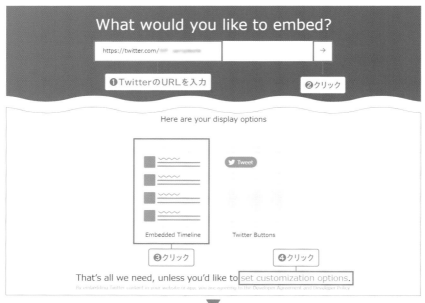

❺高さを入力 — 260 — Width (px)

そのほか必要に応じて設定

❻[Update]をクリック

プレビュー

❼[Copy Code]をクリック

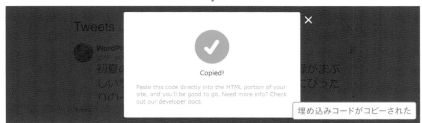

埋め込みコードがコピーされた

Chapter 5

footer.phpに記述していきます。埋め込み幅をレスポンシブに調整するため、埋め込みコードをdivで囲みます。ここではdivのclassをそれぞれ「sns_box」「twitter_box」とします。

PHP /wp-content/themes/test/footer.php

```php
<div class="site-footer-btm">
    <div class="site-footer-btm-body">
        <div class="fnav">
        <?php
        //メニュー表示(footer)
        wp_nav_menu(
          array(
                'theme_location'  => 'footer_menu',
                'container'       => false,
                'items_wrap'      => '<ul class="list">%3$s</ul>',
          )
        );
        ?>
        </div>
        <div class="sns_box">
            <?php echo do_shortcode('[instagram-feed feed=9]'); ?>
<!--Instagramの埋め込み-->
            <div class="twitter_box">
            <a class="twitter-timeline" data-height="260" data-
theme="light" href="https://twitter.com/WP_samplesite?ref_
src=twsrc%5Etfw">Tweets by WP_samplesite</a> <script async
src="https://platform.twitter.com/widgets.js" charset="utf-8"></
script> <!--Twitterの埋め込み-->
            </div>
        </div>
    </div>
    <div class="site-footer-btm-logo">
        <img src="<?php echo get_template_directory_uri(); ?>/
images/foot-logo.svg" alt="WordPress Sample Site">
        <div class="tel">
          TEL.000-000-000
        </div>
    </div>
    <div class="site-footer-btm-copy">
        Copyright © WordPress Sample Site.
    </div>
</div>
```

コードを貼り付け

画像／ギャラリー／ＳＮＳ

```
#sb_instagram {
  float: left;
  width: 33.3%!important; }

.sns_box {
  margin: 2em auto;
  overflow: hidden;
  width: 80%; }
  @media screen and (max-width: 768px) {
    .sns_box {
      float: none;
      width: 100%; } }

.twitter_box {
  float: left;
  padding: 0 1em;
  width: 33.3%; }
  @media screen and (max-width: 768px) {
    .twitter_box {
      float: none;
      width: 100%; } }
```

これで、フッターへのTwitterの埋め込みが完了しました。

06 SNSの埋め込み ～Facebook

ここでは、フッターにFacebookを埋め込む方法を紹介します。Facebookは開発者向けの公式サイトがあり、そこで埋め込みサイズや仕様を設定します。設定後に生成されたタグを埋め込みに使用します。

執筆者 伊藤麻奈美（株式会社KLEE）

フッターにFacebookを埋め込む

　Facebookを埋め込むには、埋め込みタグを生成してくれる以下のページを使用します。なお、埋め込みタグの幅は180px〜500pxで指定する仕様になっているので、ここでは、パソコンとスマートフォン時で表示幅が変わるようにカスタマイズします。

▶Meta for Developers-ページプラグイン
https://developers.facebook.com/docs/plugins/page-plugin

⑨ 「JavaScript SDK」または「IFrame」を選択（ここでは「JavaScript SDK」を選択）

⑩ 「ステップ1」のコードをコピー

コピーした「ステップ1」のコードを、テンプレートファイルにペーストします。ペーストする箇所は、bodyタグ終了前とします。

PHP　/wp-content/themes/test/footer.php

```php
<!-- javascript(plugin) -->
<script src="<?php echo get_template_directory_uri(); ?>/shared/js/
lib/slick/slick.min.js"></script>
<script type="text/javascript">
  $(function() {

    //slick
    $('.top-mainVisual-body').slick({
      slidesToShow: 1,
      autoplay: true,
      autoplaySpeed: 3000,
      infinite: true,
      dots: true,
      responsive: [{
        settings: {
        }
      }]
    });

    //プラグイン名

  });
</script>
<div id="fb-root"></div>
<script async defer crossorigin="anonymous" src="https://connect.
facebook.net/ja_JP/sdk.js#xfbml=1&version=v14.0" nonce=[環境によって異
なる値]></script>

<?php wp_footer(); ?>
</body>
</html>
```

「ステップ1」を貼り付け
※「nonce」の値は環境によって異なるので紙面上は [環境によって異なる値] と記載

画像／ギャラリー／ＳＮＳ

「ステップ1」のコードをテンプレートファイルにペーストしたら、続いて「ステップ2」の
コードをコピーします。

❶「ステップ2」のコードをコピー

Facebookのタグそのものはレスポンシブではありません。しかし埋め込みコードをdiv
で囲み、divに対してレスポンシブ調整をすることで、レスポンシブに近い表示に調整でき
ます。class「sns_box」「twitter_box」に加え、「fb_box」を記述します。

PHP /wp-content/themes/test/footer.php

```
<div class="site-footer-btm">
  <div class="site-footer-btm-body">
    <div class="fnav">
    <?php
    //メニュー表示(footer)
    wp_nav_menu(
      array(
        'theme_location'  => 'footer_menu',
        'container'       => false,
        'items_wrap'      => '<ul class="list">%3$s</ul>',
      )
    );
    ?>
    </div>
    <div class="sns_box">
      <?php echo do_shortcode('[instagram-feed feed=9]'); ?>
<!--Instagramの埋め込み-->
      <div class="twitter_box">
        <a class="twitter-timeline" data-height="260" data-
theme="light" href="https://twitter.com/WP_samplesite?ref_
src=twsrc%5Etfw">Tweets by WP_samplesite</a> <script async
src="https://platform.twitter.com/widgets.js" charset="utf-8"></
script> <!--Twitterの埋め込み-->
      </div>
```

```
      <div class="fb_box">
        <div class="fb-page" data-href="https://www.
facebook.com/facebook" data-tabs="timeline" data-width="380"
data-height="260" data-small-header="true" data-adapt-
container-width="true" data-hide-cover="false" data-show-
facepile="false"><blockquote cite="https://www.facebook.com/
facebook" class="fb-xfbml-parse-ignore"><a href="https://www.
facebook.com/facebook">Facebook</a></blockquote></div> <!--Facebook
の埋め込み-->
      </div>
    </div>
  </div>
  <div class="site-footer-btm-logo">
    <img src="<?php echo get_template_directory_uri(); ?>/
images/foot-logo.svg" alt="WordPress Sample Site">
    <div class="tel">
      TEL.000-000-000
    </div>
  </div>
  <div class="site-footer-btm-copy">
    Copyright © WordPress Sample Site.
  </div>
</div>
```

「ステップ2」を貼り付け

左罫線の外（縦書き）: 画像／ギャラリー／ＳＮＳ

CSS /wp-content/themes/test/shared/css/footer.css

```css
.fb_box {
  float: left;
  width: 33.3%; }
  @media screen and (max-width: 768px) {
    .fb_box {
      float: none;
      margin: 1em auto;
      width: 100%; } }
```

これで、フッターへのFacebookの埋め込みが完了しました。

Facebookが埋め込まれた

 Attention

埋め込みタグの幅は固定

埋め込みタグの幅は、レスポンシブではなく固定です。最初の読み込み時の画面
幅が適応されるので、たとえばスマートフォンで最初に縦向きで閲覧した場合、途
中で横向きにしても横幅に合わせたサイズには適応されません。ただし、再読み込
みをすれば、適応されます。

Chapter 5

「いいね」ボタンを設置するプラグイン「 WP ULike 」

　ユーザーが「いいね」ボタンを押すのは、記事に対する共感や賛同の意思表示と言えます。多くの「いいね」を得ることで、他ユーザーが記事に注目するきっかけとなります。

　「いいね」ボタンを設置するには、プラグイン「WP ULike」がおすすめです。シンプルに設定できるだけではなく「いいね」のランキング表示、ユーザーの「いいね」に対してお礼メッセージを表示させるなど、細かな設定も行えます。

表1　　使用するプラグイン

プラグイン名	URL
WP ULike	https://ja.wordpress.org/plugins/wp-ulike/

画像／ギャラリー／SNS

Chapter

6

問い合わせフォーム／
サイトマップ

01 お問い合わせフォーム①
～「Contact Form 7」

お問い合わせフォームを設置する方法は、大きく分けて、「コードで作成する方法」「プラグインを利用する方法」「フォーム作成ツールで埋め込む方法」の3つがあります。今回はコーディングの手間や余計な費用がかからない、「プラグインを利用する方法」を紹介します。

執筆者 五十嵐小由利（株式会社マジカルリミックス）

お問い合わせフォームを作成する

お問い合わせフォームを作成するのに、ここでは**プラグイン「Contact Form7」**を使います。お問い合わせフォームでは、必要項目を入力して送信した後に、確認画面が表示されることがよくあります。Contact Form7で作るお問い合わせフォームには、この確認画面はありませんが、海外のWebサイトでは、確認画面がないフォームのほうが主流です。そのためContact Form7は、インストール数500万以上の世界トップシェアとなっています。

表1 使用するプラグイン

プラグイン名	URL
Contact Form7	https://ja.wordpress.org/plugins/contact-form-7/

□ プラグイン「Contact Form 7」をインストールする

まずは、プラグイン「Contact Form 7」をインストールします。

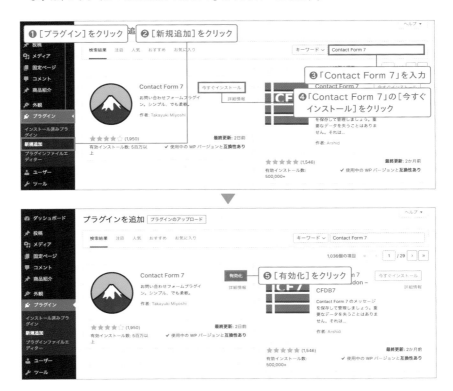

□ お問い合わせフォームを設定する

プラグインを有効にすると、[お問い合わせ]が追加されます。

「コンタクトフォーム」ページには、あらかじめサンプルのフォームが用意されています。こちらを元にカスタマイズしても構いませんし、[新規追加]より新しくフォームを作成しても構いません。今回はサンプルの「コンタクトフォーム 1」を編集していきます。

上部に並んだボタンをクリックすると、それぞれの設定画面が表示されます。ここでは、[フォーム]タブの[テキスト]をクリックします。

フォームの必須項目やname属性、class属性などはここで入力します。最低限、「名前」さえ入力すれば問題ありません。ただし、自動設定された「名前」はわかりにくい値なので、変更するとよいでしょう。

また、入力欄をCSSで装飾したい場合はIDやclassを指定しましょう。内容に問題がなければ［タグを挿入］をクリックします。

フォームタグ生成: テキスト	×

単一行のプレーンテキスト入力項目のためのフォームタグを生成します。詳しくはテキスト項目を参照。

項目タイプ　□ 必須項目

名前　text-655

デフォルト値

□ このテキストを項目のプレースホルダーとして使用する

Akismet　□ 送信者の名前の入力を要求する項目

ID 属性

クラス属性

❺必要に応じて入力

❻［タグを挿入］をクリック

[text text-655]

タグを挿入

この項目に入力された値をメールの項目で使用するには、対応するメールタグ（[text-655]）をメールタブ上の項目に挿入する必要があります。

□ メールを設定する

次に、「メール」タブをクリックし、メールの設定を行います。［メールのセットアップ］というリンク先で詳しい使い方を参照できるので、必要に応じて確認してください。

Chapter 6

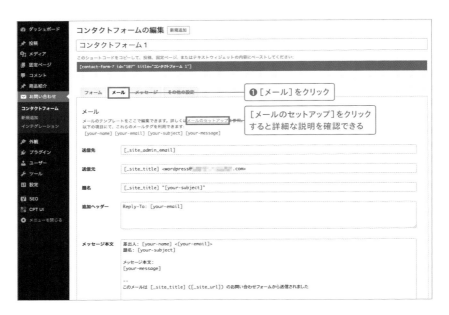

「メール」タブでスクロールすると「**メール (2) を使用**」という項目があります。この項目にチェックを入れると、自動返信メールが作成できます。自動返信メールとは、問い合わせを行った人へ自動返信されるメールのことです。初期設定のままでは、入力内容がそのまま送り返されるだけなので、問い合わせに対するお礼や返信までにかかる日数などを記載するのがおすすめです。また、自動返信メールであることも記載しておくといいでしょう。

設定画面の内容を保存するには、画面右上にある [保存] をクリックしてください。

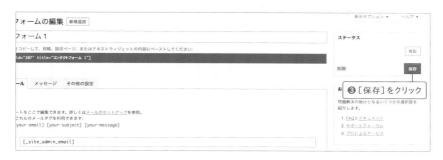

完了画面（サンクスページ）を追加する

　Contact Form 7には、フォーム送信後に自動で完了画面（サンクスページ）を表示する機能はありません。そのため、完了画面を表示したい場合はあらかじめ、WordPressの固定ページなどで作成しておき、フォーム送信後にページ遷移するよう設定する必要があります。

□ 完了画面を固定ページで作成する

　まずは、固定ページで完了画面を作成します。ページは公開状態にし、そのページのURLを控えておきましょう。固定ページの作成方法については、Chapter 7-07（P.306）を参考にしてください。

□ テンプレートを編集する

　続いて、functions.phpを編集します。

`PHP` /wp-content/themes/test/functions.php

```php
//Contact form 7 送信完了後ページ遷移
function add_thanks_page() {
    echo <<< EOD
    <script>
    document.addEventListener('wpcf7mailsent', function(event) {
        location = '固定ページURLを記述';
    }, false );
    </script>
    EOD;
}
add_action('wp_footer', 'add_thanks_page');
```

作成した完了画面のURLに置き換える

functions.phpにある「固定ページURLを記述」の部分は、作成した完了画面の
URLに置き換えます。以上の作業で、お問い合わせフォーム送信後に、自動で完了画面を
表示するようになりました。

□ ショートコードをページに埋め込む

フォームの作成が終わったら、ページ上部にあるお問い合わせフォームのショートコード
をコピーしましょう。そして、フォームを表示したいページにペーストします。これで、お問い
合わせフォームの作成は完了です。

実際に問い合わせメールを送信して、挙動に問題がないかを忘れずにチェックしましょ
う。

フォームをテンプレートに設置する場合

作成したフォームをテンプレートに設置したい場合は、ショートコードを変換する関数であるapply_shortcodes()を使って、設置したい場所のテンプレートに埋め込みましょう。

> **PHP** フォームを設置したい場所のテンプレート

```php
<?php echo apply_shortcodes('[contact-form-7 id="107" title="
コンタクトフォーム 1"]'); ?>
```

お問い合わせフォームの初期値をカスタマイズする

　お問い合わせフォームの初期値は通常、フォームタグの値から設定されます。しかし、フォームにアクセスしてくる前ページのタイトルを取得して、テキストボックスなどの初期値とすることも可能です。

□ ページタイトルを取得する

　まずは、お問い合わせフォームがあるページへのリンク（タグ）に、リファラを持たせるコードを記述します。リファラとは、遷移前のページ情報のことです。

> **PHP** 元の記述

```php
<a href="/contact">お問い合わせ</a>
```

> **PHP** 変更後の記述

```php
<a href="/contact?title=<?php echo get_the_title();?>">お問い合わせ</a>
```

Chapter 6

<?php echo get_the_title();?>で、現在のページのタイトルを取得しています。

□ **取得したタイトルをフォームの項目に入れる**

フォーム編集画面で、取得したタイトルを設定するテキストボックスを編集します。

PHP	元の記述

```
<label> 題名
  [text* your-subject] </label>
```

PHP	変更後の記述

```
<label> 題名
  [text* your-subject default:title] </label>
```

「default」タグに、先ほど指定したパラメーター「title」を入れます。問題なく動いていれば、該当項目に前ページのタイトルが入力されているはずです。

メールをWordPress上で管理する

「Contact Form 7」で作ったお問い合わせフォームから送信されたメールは、どこにも保存されません。そのため、サーバー側のトラブルでうまく届かなかったり、スパムメールとして迷惑フォルダーに入ってしまったりした場合、そのメールが行方不明になる可能性があります。このような事態を避けるために、プラグインを使ってメールの内容をWordPress上で管理できます。

FlamingoはContact Form 7と連携し、お問い合わせフォームから届いたメッセージをWordPress管理画面上で確認することができるプラグインです。また、データのCSV出力も可能です。

表2 使用するプラグイン

プラグイン名	URL
Flamingo	https://ja.wordpress.org/plugins/flamingo/

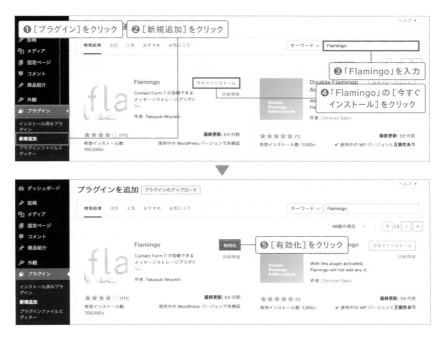

　プラグインを有効にすると、［Flamingo］が追加されます。初期設定は必要ありません。プラグインをインストールして有効化するだけで利用できます。なお［受信メッセージ］より、プラグインの有効化後に受信したメールの内容を確認できます。

迷惑メール対策を行う

WordPressにお問い合わせフォームを設置した場合は、迷惑メール対策を必ず行いましょう。WordPressは世界中で使われているため、その分、迷惑メールの被害に遭う確率が高くなっています。迷惑メールを防ぐためには、**スパム防止プラグイン「Akismet」**を使う方法と**Googleが提供している「reCAPTCHA」**というサービスを活用する方法が挙げられます。今回はreCAPTCHAを使って、迷惑メール対策をする方法を紹介します。

□ reCAPTCHAのAPIキーを取得する

reCAPTCHAにはいくつかバージョンがありますが、今回はreCAPTCHAv3を利用します。v2は画像認証やチェック方式でしたが、v3はバックグラウンドでスパムかどうかを判断してくれるため、ユーザーの手間が減り利便性が向上しました。reCAPTCHAv3を使用するには、GoogleのreCAPTCHAサービスページにアクセスして連携用のキー（Key）を取得する必要があります。

▶reCAPTCHA
https://www.google.com/recaptcha/about/

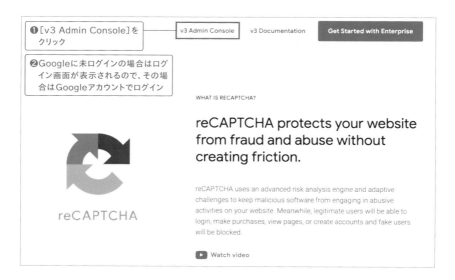

❸必要項目を入力

❹［送信］をクリック

　必要項目を入力して送信すると、**サイトキー**と**シークレットキー**が発行されます。これら
は後ほど使うので、メモ帳などに控えておきましょう。

☐ Contact Form 7にreCAPTCHAを実装する

　次に、Contact Form 7にreCAPTCHAを実装していきます。

Chapter 6

サイトの右下にreCAPTCHAの保護マークが表示されれば、設定完了です。

02 お問い合わせフォーム②
～「MW WP Form」

お問い合わせフォームをプラグインで作る場合、P.238で紹介した「Contact Form 7」か、「MW WP Form」が比較的よく利用されます。「確認画面・完了画面」の設定が可能かどうかが、両者の大きな違いと言えます。用途に合わせて選びましょう。

執筆者 五十嵐小由利(株式会社マジカルリミックス)

お問い合わせフォームを作成する

　プラグイン「**MW WP Form**」を使って、お問い合わせフォームを作成します。MW WP Formは、P.238で紹介したContact Form7に人気は及ばないものの、確認画面・完了画面の設定が可能という特徴があります。そのため、「確認画面が欲しい」場合に多く用いられるプラグインです。どちらかといえば、日本人好みのお問い合わせフォームだといえるでしょう。

□ プラグイン「MW WP Form」をインストールする

　まずは、プラグイン「MW WP Form」をインストールします。

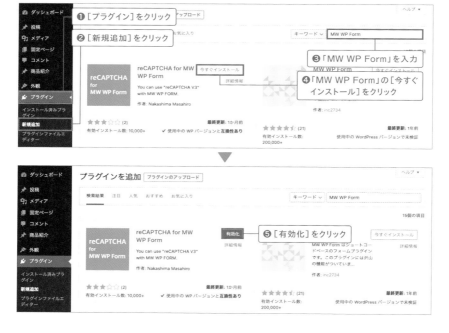

□ フォームのベースを作成する

　プラグインを有効にすると、[MW WP Form]が追加されます。そこから[新規追加]をクリックすると、フォームを作成できます。

プルダウンメニューより入力項目を作成できます。name属性やclass属性などはここで入力します。

必要な入力項目を挿入したら、フォームのベース作成は完了です。

□ バリデーションルールを設定する

バリデーションとは、たとえば必須項目が未入力の場合にエラーメッセージを表示してくれる機能のことです。本文入力エリアを下にスクロールし、[バリデーションルールを追加]をクリックすると設定できます。必須項目の判定だけではなく、半角英数字の指定やメールアドレスの入力エラー判定など、様々なルールを設定できます。

□ 確認画面を設定する

本文入力エリアに、「確認・送信」の項目を追加します。ここで追加することで、フォームの入力画面では「確認画面へ」のボタンが、確認画面では「送信する」のボタンが生成され、画面に合わせて自動で切り替わるようになります。

基本的には、初期値のままで問題ありません。ボタンに表示される文字列を変えたい場合は、お好みのものを入力ください。また、CSSで装飾したい場合はclassを指定すると良いでしょう。

問い合わせフォーム／サイトマップ

トップページ

01 最新の投稿記事一覧を表示する

トップページに最新3件の投稿記事の一覧を表示しましょう。変更前は、静的なテキストで仮の記事が3件分表示されています。これを、WordPressのテンプレートタグやPHPコードを挿入・差し替えをして、実際の記事を3件表示させるようにします。

執筆者 錦織幸知

Sample

Before / After

トップページにスライダーを設定する準備を行う

　サンプルサイトでは、すでにJavaScriptを使った画像スライダーが実装されていますが、スライド画像を追加・変更したい場合、その都度、PHPのコードを変更したり、画像をFTPなどでアップロードしたりといった作業をしなければなりません。そこで、管理画面からスライド画像の追加・変更が簡単にできるように、**プラグイン「 Smart Slider 3 」**を使い、運用がしやすい画像スライダーを設置します。

　まずはその準備として、プラグイン「Smart Slider 3」をインストールします。

表1 使用するプラグイン

プラグイン名	URL
Smart Slider 3	https://ja.wordpress.org/plugins/smart-slider-3/

　なお本書で使用しているサンプルテーマでは、スライダーに関しては元々、MITライセンスのJavaScriptプラグイン「 slick 」(https://kenwheeler.github.io/slick/) を使用しています。このJavaScriptプラグイン「 slick 」を、WordPressプラグイン「 Smart Slider3 」に入れ替えます。なお、「 Smart Slider3 」を実装するに当たり「 slick 」のファイルは不要です。

Chapter 7

スライダーを作成する

　プラグインがインストールできたので、スライダーを作成しましょう。Smart Slider 3がインストールされていると、管理画面のメニューに［Smart Slider］という項目が表示されるようになります。まずはそこをクリックして、ダッシュボード画面に移動します。

❶［Smart Slider］をクリック

新規スライダーを設定する

［NEW PROJECT］→［Create a New Project］の順にクリックします。

❶［NEW PROJECT］をクリック

テンプレートファイルを編集する

スライダーを作成できたので、次はテンプレートファイルを編集して、作成したスライダーがトップページに表示されるようにしましょう。

□ テンプレート表示用のPHPコードをコピーする

まずは管理画面のメニューから [Smart Slider] をクリックし、先ほど作成した「 Top Slider 」をクリックします。[PHPコード] という欄に貼り付け用のコードが記載されているので、それをコピーしてください。

Chapter 7

□ コピーした PHP コードをテンプレートファイルに貼り付ける

コピーした貼り付け用コードを使って、下記を参考に、テンプレートファイルである「header.php」の一部分を差し替えます。既存のスライダー用のコードを削除し、コピーしてきた貼り付け用コードをペーストします。

PHP /wp-content/themes/test/header.php

```php
<?php
//トップの場合はスライダー表示
if ( is_front_page() || is_home() ) : ?>
  <div class="top-mainVisual">

    <?php
    //Smart Slider 3
    echo do_shortcode('[smartslider3 slider="3"]');
    ?>
  </div><!-- top-mainVisual -->
<?php
//トップ以外の場合はヘッダー画像表示
else : ?>
```

コピーした貼り付け用コード

□ ブラウザで表示を確認する

テンプレートファイルの編集が終わったら、ブラウザでトップページの表示を確認してみましょう。設定した2枚の画像がスライダーで表示されていれば、成功です。

記事の中にスライダーを設定する

　先ほどはPHPのコードを編集することでトップページにスライダーを設定しましたが、「ショートコード」を使えば、記事内に簡単にスライダーを設置できます。

□ 作成したスライダーのレイアウトを変更

　記事内にスライダーを設定する場合、スライダーのレイアウトは「全幅」ではなく「Boxed」がおすすめです。「全幅」にすると、サイドバーなどが横に突き抜けてしまいます。次の手順で、作成済みのスライダーのレイアウト設定を変更しましょう。

□ 貼り付け用コードを使って記事にスライダーを設定する

　レイアウトが変更できたので、ここからは、貼り付け用コードを使って記事にスライダーを設定します。

　まずは記事に貼り付けるためのショートコードをコピーします。スライダーの編集画面で「一般設定」のタブをクリックしたら、「ショートコード」欄に表示されているコードをコピーしましょう。

続いて記事作成画面で、次の手順の通りに、コピーしたショートコードを記事内に貼り付けます。

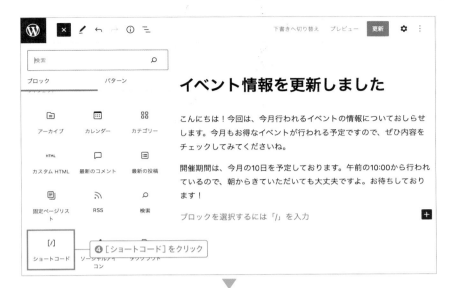

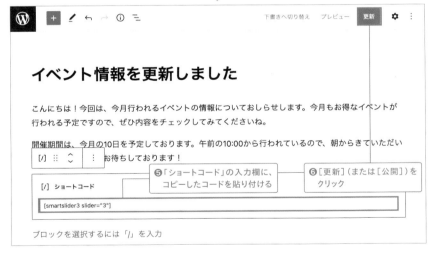

□ ブラウザで表示を確認する

記事を編集したら、実際に確認してみましょう。コンテンツ内に収まる形で、記事内にスライダーが表示されていれば成功です。

記事内にスライダーが表示された

トップページ

　また、プラグインのスライダーは、1つだけではなく複数作成できます。記事や固定ペー
ジごとにそれぞれ異なるスライダーを作成して設置する、といったことも可能です。

Point

豊富なスライダーの設定

Smart Slider 3にはほかにも、スライダーをカスタマイズできる設定が豊富に用
意されています。たとえば、アニメーションの方向や左右の矢印ナビゲーションの
見た目を変えることも可能です。本書では基本的な機能のみ紹介しましたが、ス
ライダーの編集画面の［Size］［操作］［アニメーション］［自動再生］から、様々
な項目をお好みで変更できます。

06 営業日カレンダーを表示する

ここではトップページに営業日カレンダーを表示させます。ユーザーに定休日をわかりやすく伝えたい、といった場合に活用するといいでしょう。カレンダーについてもプラグインを使うことで、定休日の設定などを管理画面から簡単に登録・変更することができます。

執筆者 錦織幸知

Sample

Before

一覧を見る →

After

一覧を見る →

2022年5月

月	火	水	木	金	土	日
25	26	27	28	29	30	1
						定休日
2	3	4	5	6	7	8
						定休日
9	10	11	12	13	14	15
						定休日
16	17	18	19	20	21	22
						定休日
23	24	25	26	27	28	29
						定休日
30	31	1	2	3	4	5
						定休日

< > 今日

「Event Organiser」でカレンダーを作成する

カレンダーを簡単にWordPressサイトに埋め込むことができる**プラグイン「Event Organiser」**を使って、定休日(日曜)を表示する、月別カレンダーを設置します。まずは、プラグイン「Event Organiser」をインストールしましょう。

表1 使用するプラグイン

プラグイン名	URL
Event Organiser	https://ja.wordpress.org/plugins/event-organiser/

カレンダーのイベントを作成する

プラグインがインストールできたので、カレンダーのイベントを作成してみましょう。Event Organiserがインストールされていると、管理画面のメニューに[イベント]という項目が

表示されるようになります。まずはこの項目をクリックしてから［新規追加］をクリックして、カレンダーのイベント作成画面に進みましょう。

□ 各項目を入力・設定する

イベント作成画面では、カレンダーに表示する「定休日（日曜）」イベントの設定を行います。次のように項目を設定してください。

　まずは、イベント名に、今回カレンダー上に表示させたい「定休日」という文字列を入力しましょう。［開始日時］と［終了日時］にはどちらにも、最初に訪れる日曜日の日付を選択してください。

　作成画面では時間の設定が可能ですが、定休日の場合は対象が終日となるので、時間の設定は不要です。

　次に［終日］にチェックを入れましょう。最後に、2週目以降の日曜日も定休日の対象とするため繰り返し設定を行います。

　入力と設定が終わったら、［公開］をクリックして完了です。

□ 公開前にカレンダーの表示を確認する

　［カレンダー表示］をクリックすると、サイトに掲載する前に、カレンダーがどのように表示されるかを確認できます。正しくイベントが作成できていれば、設定した開始日時以降の日曜日が「定休日」と表示されているはずです。

テンプレートファイルを編集する

カレンダーが作成できたので次は、トップページにカレンダーを表示させるため、テンプレートファイルを編集します。次のコードを、home.phpに追加しましょう。

PHP /wp-content/themes/test/home.php

```php
<section class="top-contents-calendar">

    <?php //Event Organiser ここから
    echo do_shortcode('[eo_fullcalendar
        defaultView="month"
        titleformatmonth="Y年n月"
        columnformatmonth="D"
        responsive="false"
        tooltip="false"
    ]')
    //Event Organiser ここまで
    ?>

</section>
```

パラメーターで渡しているそれぞれの設定値は、次のように変更することも可能です。

表2 defaultView（カレンダーの表示形式）の設定値

値	説明
month	カレンダーの表示形式を月表示にする
basicWeek	カレンダーの表示形式を週表示にする
basicDay	カレンダーの表示形式を日表示にする

表3 titleformatmonth（カレンダーの年月日表示）の設定値

値	説明
Y	4桁の西暦を表示
y	2桁の西暦を表示
n	月を表示

フォーマット文字列を使って、好みの年月表示を作成できます。

Chapter 7

表4 columnformatmonth（曜日の表示形式）の設定値

値	説明
l	曜日を表示
D	曜日（略称）を表示

たとえば「l」だと「月曜日」、「D」だと「月」と表示されます。

表5 responsive（カレンダーのレスポンシブ対応）の設定値

値	説明
true	パソコンとスマホでカレンダーの表示方法を変える
false	パソコン表示のみを使用する

今回、定休日カレンダーの場合は、パソコン表示のまま変えないほうが見やすいので「false」に設定しています。

表6 tooltip（ツールチップ機能の有無）の設定値

値	説明
true	イベント名をクリックしたとき、ツールチップと詳細ページリンクを表示する
false	ツールチップや詳細ページリンクを表示しない

ツールチップや詳細ページなどは、今回の営業日カレンダーでは不要なので「false」にしています。

□ ブラウザで表示を確認する

home.php内にショートコードを挿入したら、実際にブラウザでカレンダーが正しく表示されているかどうか確認してみましょう。

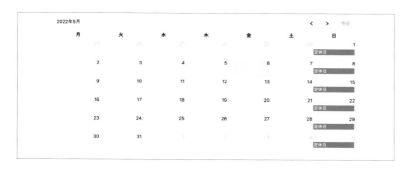

デザイン
の
ネタ帳

07 固定ページの リンクメニューを設置する

固定ページのURL、タイトル、アイキャッチ画像を使って、トップページにリンク付きのメニューを作成しましょう。WordPressのテンプレートタグを使って固定ページの情報を呼び出し、後から固定ページの内容を変更しても自動で表示が変更されるようにします。

執筆者 錦織幸知

Chapter 7

固定ページのリンクメニューを作成する

　サンプルでは、3項目のメニューが入る箇所が用意されています。ここに、固定ページで設定したタイトルとアイキャッチ画像を表示し、クリックしたときに、固定ページへ移動できるようにしていきましょう。

アイキャッチ画像を有効にする

　Chapter 2-04（P.104）でも紹介しましたが、WordPressは初期のままだと、投稿や固定ページでアイキャッチ画像を使用することができません。利用する場合は、使用テーマ内で有効化する必要があります。まずは、固定ページでアイキャッチ画像が使えるように、functions.phpに下記コードを追加します。

PHP　/wp-content/themes/test/functions.php

```php
// アイキャッチ画像有効化
add_theme_support('post-thumbnails');
```

管理画面から固定ページを設定する

　まずは、固定ページを3つ作成します。管理画面のメニューから［固定ページ］をクリックし、表示された画面で［新規追加］をクリックします。なお、作成済みの固定ページを使っても問題ありません。

　固定ページの［新規追加］をクリックして表示された画面で、新しく作成する固定ページのタイトルと本文を設定します。次の例を参考に、それぞれ好みのテキストを入力してください。あわせて、固定ページのアイキャッチ画像も設定します。ここで設定した画像が、トップページのメニュー部分の画像として表示されます。

　設定ができたら、［公開］をクリックして固定ページをサイト上に公開します。なお、アイキャッチ画像の登録方法はChapter 2-04（P.105〜）も参考にしてください。

この手順を繰り返し、固定ページを3つ作成しておきましょう。サンプルでは、「サイトについて」「サービス紹介」「制作実績」という3つの固定ページを作成しました。

作成した3つの固定ページ

固定ページのIDを確認する

3つの固定ページが完成したら、最後に、作成した固定ページのIDを確認しておきましょう。IDとは、WordPressの投稿記事や固定ページに、自動で割り当てられる数字の番号です。この後の手順で固定ページの情報を表示させるときに、IDの番号を指定することで、任意の固定ページの情報を取り出すことができます。

IDの確認方法は簡単です。メニューから［固定ページ］をクリックし、固定ページの一覧を表示します。IDを知りたい固定ページ名にマウスオーバーすると、画面左下にリンク先のURLが表示されます（Google Chromeの場合）。そのURLの中で「post=」に続く部分が、その固定ページのIDです。この方法で、3つの固定ページのIDを確認します。

❶固定ページ名にマウスオーバーする

画面左下にURL
が表示される

「post=」に続く部分がID
となる（この場合は「2」）

/wp-admin/post.php?post=2&action=edit

テンプレートファイルを編集し、固定ページの情報を表示する

IDが確認できたら、テンプレートファイルのhome.phpを編集していきましょう。下記は、作業前のコードです。

PHP /wp-content/themes/test/home.php

```php
<div class="top-contents-menu-list">
  <ul>
    <li>
      <a href="#">
        <figure>
          <img src="<?php echo get_template_directory_uri(); ?>/
images/top/menu-img00.jpg" alt="">
        </figure>
        <p>コンテンツ項目その1</p>
      </a>
    </li>
    <li>
      <a href="#">
        <figure>
          <img src="<?php echo get_template_directory_uri(); ?>/
images/top/menu-img00.jpg" alt="">
        </figure>
        <p>コンテンツ項目その2</p>
      </a>
    </li>
    <li>
      <a href="#">
        <figure>
          <img src="<?php echo get_template_directory_uri(); ?>/
images/top/menu-img00.jpg" alt="">
        </figure>
        <p>コンテンツ項目その3</p>
      </a>
    </li>
```

トップページ

```
    </ul>
</div>
```

まずは「コンテンツ項目その1」の内容を編集していきます。ここでは固定ページ「サイトについて」（ID：2）を表示させるようにします。

aタグのhref属性の中に「＜？php echo get_page_link(2);？＞」と記述します。これは、**指定したIDが表すページのパーマリンクURLを取得する、WordPressのテンプレートタグです。**パラメーターとして「2」を設定することで、「ID：2の固定ページのパーマリンクURLを取得」というコードになります。

次に、アイキャッチ画像を表示させます。imgタグのsrc属性の中に「＜？php echo get_the_post_thumbnail_url(2);？＞」と記述します。これも同じく、**指定したIDが表すページの、アイキャッチ画像URLを取得するテンプレートタグです。**

最後に、固定ページのタイトルを表示させます。pタグで囲むように「＜？php echo get_the_title(2);？＞」と記述します。これも、指定したIDが表すページのタイトルを取得するテンプレートタグです。

PHP /wp-content/themes/test/home.php

```
<div class="top-contents-menu-list">
    <li>
        <a href="<？php echo get_page_link(2);？>">
            <figure>
                <img src="<？php echo get_the_post_thumbnail_url(2);？>" alt="">
            </figure>
            <p><？php echo get_the_title(2);？></p>
        </a>
    </li>
```

上記のように記述すると、実際にブラウザで閲覧する際は、次のようなHTMLが出力されます。

PHP /wp-content/themes/test/home.php

```
<div class="top-contents-menu-list">
    <li>
        <a href="https://example.com/サイトについて/">
            <figure>
                <img src="https://example.com/wp-content/themes/テーマ名/images/top/menu-img01.jpg" alt="">
            </figure>
```

```
      <p>サイトについて</p>
    </a>
  </li>
```

続けて、残りの2項目のメニュー（コンテンツ項目その2、コンテンツ項目その3）のほう
も、同様に変更していきましょう。サンプルでは、固定ページの「サービス紹介」のIDは6、
「制作実績」のIDは8でした。これらについても同様に、挿入したテンプレートタグのパラ
メーターに、IDを指定していきます。

PHP　/wp-content/themes/test/home.php

```php
<div class="top-contents-menu-list">
  <ul>
    <li>
      <a href="<?php echo get_page_link(2); ?>">
        <figure>
          <img src="<?php echo get_the_post_thumbnail_url(2); ?
>" alt="">
        </figure>
        <p><?php echo get_the_title(2); ?></p>
      </a>
    </li>
    <li>
      <a href="<?php echo get_page_link(6); ?>">
        <figure>
          <img src="<?php echo get_the_post_thumbnail_url(6); ?
>" alt="">
        </figure>
        <p><?php echo get_the_title(6); ?></p>
      </a>
    </li>
    <li>
      <a href="<?php echo get_page_link(8); ?>">
        <figure>
          <img src="<?php echo get_the_post_thumbnail_url(8); ?
>" alt="">
        </figure>
        <p><?php echo get_the_title(8); ?></p>
      </a>
    </li>
  </ul>
</div>
```

home.phpの編集ができたら、実際にブラウザで表示を確認してみましょう。固定ペー
ジで設定したタイトル、アイキャッチ画像が表示され、クリックして固定ページにリンク移動
できれば、成功です。

Chapter

8

WordPressプラグイン

執筆者 錦織幸知

01 XMLサイトマップを自動生成する「Yoast SEO」

URL https://ja.wordpress.org/plugins/wordpress-seo/

XML Sitemap

Generated by Yoast SEO, this is an XML Sitemap, meant for consumption by search engines.

You can find more information about XML sitemaps on sitemaps.org.

This XML Sitemap Index file contains 5 sitemaps.

Sitemap	Last Modified
	2022-05-06 04:48 +00:00
	2022-05-07 05:42 +00:00
	2022-05-04 06:50 +00:00
	2022-05-06 04:48 +00:00
	2022-05-10 07:34 +00:00

「Yoast SEO」とは

本プラグインを使うと、XMLサイトマップファイルを自動生成できるようになります。
「Yoast SEO」には他にもSEOに関する様々な機能が備わっていますが、今回はXML
サイトマップ機能の点について紹介します。

XMLサイトマップとは

XMLサイトマップとは、検索エンジン（クローラー）向けに用意するサイトマップのことです。作成した投稿記事や固定ページは、クローラーに見つけてもらわなければ、Googleなどの検索結果に表示されません。XMLサイトマップを用意しなくても時間が経てば、クローラーはページ間のリンクを辿り、徐々に自身のWebサイトの内容を検索結果に表示するようになります。しかし、XMLサイトマップファイルを用意すると、より迅速かつ正確な内容で、クローラーに情報を伝えられます。本プラグインを使えば、自動でこのXMLファイルを生成してくれるので、ぜひ設定しておきましょう。

XMLサイトマップの生成方法

本プラグインでの、XMLサイトマップファイルの生成方法について紹介します。

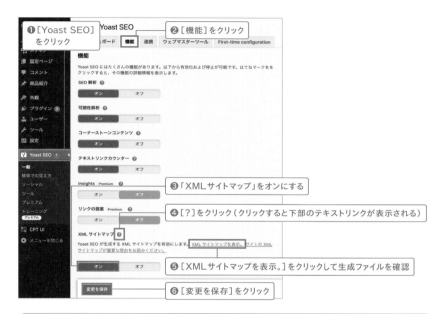

Point

Google Search ConsoleにXMLサイトマップを追加

Google Search Consoleを利用していれば、生成したXMLサイトマップファイルを追加できます。Search Consoleにログインし、管理画面から「サイトマップ」を選びます。「新しいサイトマップの追加」の欄に、XMLサイトマップファイルのURLをコピーして入力し、[送信]をクリックします。これで、Search ConsoleにXMLサイトマップファイルが送信されます。なお送信するには事前に、WebサイトをSearch Consoleに認証させておく必要があります。

02 セキュリティを向上させる「SiteGuard WP」

URL https://ja.wordpress.org/plugins/siteguard/

サイトとユーザーを守るために

WordPressはその機能の豊富さと便利さから、世界中で広く利用されているCMSです。しかし使っている人が多いということは、それだけ悪質な攻撃者から狙われやすいシステムであるともいえます。攻撃者によって悪質なプログラムを埋め込まれるなどして、自分のサイトが改ざんされた場合、自分自身だけではなく、サイトを閲覧してくれているユーザーにも被害が生じる可能性があります。

本プラグインを使うと、特別な知識がなくても、サイトのセキュリティを強化できます。

初期設定と使い方

インストールして有効化するだけでも、WordPressのセキュリティレベルは充分に高められます。後は、好みや用途に合わせて設定してみましょう。なお、「ログインページ変更」機能がオンだとログイン画面のURLが変わるので、変更後のURLは確認しておくといいでしょう。変更後のURLは、管理画面で[SiteGuard]→[ログインページ変更]の順に

クリックすると、「変更後のログインページ名」からURLが確認できます。

表1 SiteGuard WPの主な機能

機能	説明	初期設定
管理ページアクセス制限	24時間以内に管理画面にログインがないIPアドレスの場合、管理画面（ /wp-admin/ ）を表示させない。また、再ログインが必要になる	オフ
ログインページ変更	初期のログインページのURLを任意のURLに変更できる	オン
画像認証	ログインやコメント投稿時に画像認証機能を追加	オン
ログイン詳細エラーメッセージの無効化	ログインに失敗した際に、エラー内容の詳細を表示しない	オン
ログインロック	ログインを連続で失敗した場合、ロックアウトする	オン
ログインアラート	ログインが行われた場合、メール通知する	オン
フェールワンス	ログイン時、ユーザー名とパスワードが合っていても必ず1回失敗させる	オフ
XMLRPC防御	PingBack機能もしくはXMLRPC全体を無効化する	オン
ユーザー名漏えい防御	「 "/?author=数字/ 」アクセス時の自動転送を無効化し、ユーザー名が分からないようにする	オフ
更新通知	本体、プラグイン、テーマの更新をメール通知する	オン
WAFチューニングサポート	使用しているサーバーでWAF（SiteGuard Lite）を使用している場合、誤検知を起こす場合があるので、これを無効化する設定。通常はオフで問題はない	オフ

管理画面の［SiteGuard］から各種機能のオン・オフを設定できる

03 データベースをバックアップする「WP-DBManager」

URL https://ja.wordpress.org/plugins/wp-dbmanager/

「WP-DBManager」とは

　本プラグインを使うと、WordPressのデータベースをバックアップできます。何らかの原因でデータベースが壊れたとしても、バックアップさえあればその時点の状態に復元できます。不測の事態に備えて、バックアップは必ず設定しておくようにしましょう。

初期設定と使い方

　インストール後に有効化したら、管理画面で［データベース］→［バックアップDB］の順にクリックします。一番下にある［バックアップ］をクリックすると、すぐにバックアップデータの作成が始まります。バックアップしたファイルは、管理画面で［データベース］→［バックアップDBの管理］の順にクリックするとダウンロードできます。

自動バックアップ設定を行う

　本プラグインは、自動バックアップの設定もできます。たとえば、1週間に1回、自動でバックアップを行う、といったことが可能です。設定するにはまず、管理画面で［データベース］→［DBオプション］の順にクリックします。

 Attention

バックアップができない場合

本プラグインでよくあるエラーとして、自動で検出されるデータベースオプションの「mysqldumpへのパス」「mysqlのパス」の設定が誤っているというものがあります。このパスは、利用しているサーバーによって異なります。そのためレンタルサーバーなどを使用している場合で、パスがわからない場合は、サーバーの管理元に問い合わせてください。

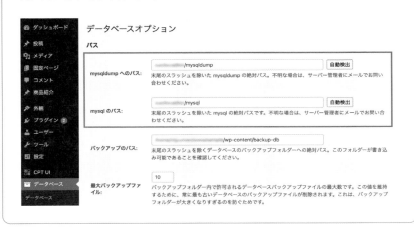

04 画像を自動圧縮「EWWW Image Optimizer」

URL https://ja.wordpress.org/plugins/ewww-image-optimizer/

ファイルサイズ：100KB

ファイルサイズ：70KB

特長

本プラグインを使うと、アップロードした画像の品質をほぼ劣化させることなく、ファイルサイズを圧縮できます。ファイルサイズを抑えることは、サイトの表示速度を上げることにつながります。

▶ 初期設定

インストール後に有効化したら、設定画面に進み、「サイトを高速化」と「今は無料モードのままにする」にチェックを入れて［次］をクリックします。推奨設定が表示されるので、そのまま［設定を保存］をクリックすれば、初期設定は完了です。

▶ 使い方

設定後は、新規で画像をアップロードすると、自動で圧縮処理が行われます。また、すでにアップロード済みの画像についても簡単に圧縮可能です。アップロード済みの画像を圧縮するには、管理画面の［メディア］に進み、圧縮したい画像を選んで［今すぐ最適化！］をクリックします。

05 リンク切れをチェックする 「Broken Link Checker」

URL https://ja.wordpress.org/plugins/broken-link-checker/

特長

本プラグインはサイト内を監視して、リンク切れを起こしている箇所を通知します。リンク切れをそのまま放置するのは、SEO的にもユーザビリティ的にもいい影響はないので、対策しておくといいでしょう。

▶ 初期設定

インストール後に有効化したら、設定は完了です。管理画面のダッシュボードに「Broken Link Checker」と書かれたウィジェットが追加され、サイト内で発生しているリンクエラーの状況が表示されます。

▶ 使い方

ダッシュボードに表示された「リンクエラーを発見しました」というリンクをクリックすると、リンクエラーの一覧画面が表示されます。この画面から、リンク切れのURLを修正することが可能です。

06 記事を複製する「Yoast Duplicate Post」

URL https://ja.wordpress.org/plugins/duplicate-post/

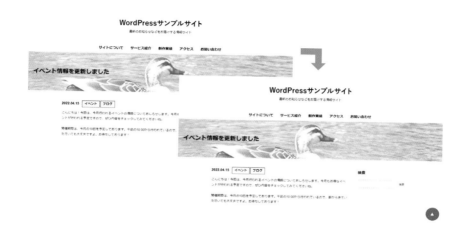

─ 特長

WordPressには作成済みの記事や固定ページを複製する機能はありませんが、本プラグインを使うと可能になります。特に同じテーマで記事を書くときなどは、毎回ゼロから書くよりも記事の作成時間を短縮できるので、活用してみるといいでしょう。

▶ 初期設定

インストール後に有効化したら、設定は完了です。ただし初期状態だと、カスタム投稿の複製ができない設定になっています。カスタム投稿でも複製を行いたい場合は、［設定］→［Duplicate Post］→「権限」の順に進み、「これらの投稿タイプに対して有効化」から対象のカスタム投稿名を選択します。選択後、［変更を保存］をクリックしてください。

▶ 使い方

投稿や固定ページ（またはカスタム投稿）の一覧で記事をマウスオーバーすると、［複製］という項目が追加されています。この［複製］をクリックすると、対象の記事を複製できます。記事は、「下書き」状態で複製されるので、複製した瞬間に公開されることありません。安心して利用しましょう。

07 目次を自動生成する「Table of Contents Plus」

URL https://ja.wordpress.org/plugins/table-of-contents-plus/

2022.01.10 ブログ

今週末に開催されるイベントまであと少し！スタッフ一同、みなさまにお会いできるのを楽しみにしております。今日は、イベントの内容をちょこっとだけお伝えします。

目次

1 1/10のイベント
   1.1 ステージ情報
   1.2 出展店舗の紹介
2 1/11のイベント
   2.1 ステージ情報
   2.2 出展店舗の紹介

特長

本プラグインは、記事や固定ページに自動で目次を設置します。目次があると記事の全体像がつかみやすく、ユーザーにとっても読みやすくなります。目次自体は、記事内の見出し（h1〜h6要素）を使って生成されます。

▶ 初期設定

インストール後に有効化したら、初期設定を行います。管理画面から［設定］→［TOC+］の順にクリックします。基本設定の「以下のコンテンツタイプを自動挿入」から［post（投稿）］［page（固定ページ）］にチェックを入れて、一番下の［設定を更新］をクリックします。これで、投稿と固定ページに目次が表示されるようになります。

▶ 使い方

目次は自動で表示されるので、そのまま管理画面から記事を作成してください。初期設定では、見出しが3つ以上あれば、記事をプレビューや公開したときに、自動で表示されます。

08 更新情報を検索エンジンに通知する「WebSub」

URL https://ja.wordpress.org/plugins/pubsubhubbub/

WebSub (FKA. PubSubhubbub)

Publisher Settings

A WebSub Publisher is an implementation that advertises a topic and hub URL on one or more resource URLs.

Hubs (one per line)

```
https://pubsubhubbub.appspot.com
https://pubsubhubbub.superfeedr.com
https://websubhub.com/hub
```

変更を保存

── 特長 ──

本プラグインは、記事を公開、または更新した際に、Googleなどの検索エンジンに更新情報を自動で通知します。検索結果に記事や更新内容を素早く表示させることができるので、より多くの人に記事を見てもらいやすくなります。

▶ 初期設定

インストール後に有効化したら、設定は完了です。

▶ 使い方

有効化したあとに、通常と同じように記事を公開・更新すれば、プラグインが検索エンジンに対して自動で通知を送ってくれるようになります。

09 日本語の不具合を解決する「WP Multibyte Patch」

URL https://ja.wordpress.org/plugins/wp-multibyte-patch/

| 秋冬　シーズン | 検索 | >> | 秋冬 | シーズン | 検索 |

— 特長 —

WordPressは本来、英語での利用を前提として作られているため、日本語を使う場合に、一部の機能や表示が正しく動かなかったり表示されなかったりする場合があります。たとえば、WordPressサイト内でキーワード検索する場合、デフォルトだと、全角スペースによる複数キーワード検索ができません。「秋冬　シーズン」というキーワード検索の場合、「秋冬」「シーズン」の2単語での検索ではなく、「秋冬　シーズン」という1単語での検索になってしまいます。

本プラグインを使うと、そういった日本語特有のエラーを解決できます。

▶ 初期設定

インストール後に有効化したら、設定は完了です。以前のWordPressのバージョンでは、このプラグインが本体とセットになっていましたが、執筆時点（2022年8月）では、別途インストールする必要があります。昔からWordPressを使っている人の場合は特に、インストールするのを忘れてしまうことがあるので、注意してください。

▶ 使い方

基本的には、プラグインをインストール後に有効化するだけで使用できます。

用語索引

著者紹介

錦織 幸知
（にしきおり・ゆきとも）

静岡市在住。インハウスアートディレクターとして勤務しつつ、「OSALE」名義にてフリーのWebデザイナーとして活動。サイト制作全般業務のほか、印刷物や動画の撮影編集、ゲーム制作なども行う。著書に『現場で役立つjQueryデザインパーツライブラリ』『Webデザイン基礎トレーニング』『デザインのネタ帳　コピペで使える動くWebデザインパーツ』（いずれも共著・MdN）がある。

Web　　　https://nijyuman.com/
Twitter　　https://twitter.com/gozaru20

稲葉 和希
(いなば・かずき)

「dewman」名義にて静岡県内でフリーのWebデザイナーとして活動中。Web制作会社と商社でのインハウスデザイナー経験を生かし、Webサイトの企画・提案や制作を行う。

Web　　　https://dewman.jp/
Twitter　　https://twitter.com/inabakansho

五十嵐 小由利
（いがらし・さゆり）

Web制作会社「マジカルリミックス」所属。主にコーディングとWordPress
関連の作業を担当。著書に『デザインのネタ帳　コピペで使える動くWebデ
ザインパーツ』（共著・MdN）がある。

Web　　　https://www.magical-remix.co.jp/

伊藤 麻奈美
（いとう・まなみ）

全国様々な案件を手掛けるWeb制作会社で、ディレクションやフロントエンド
を担当。『"らしさ"を大切にしたデザイン提案』を理念に、Webデザインとフ
ロントエンドを主としてグラフィックデザイン、コピーライティングなどの技術を
吸収。多種多様な業種のお客様との出会いに刺激を受けつつ日々奮闘中。
著書に『デザインのネタ帳　コピペで使える動くWebデザインパーツ』（共
著・MdN）がある。

Web　　　https://kleedesign.jp/

デザインのネタ帳
そのまま使えるWordPressカスタムテンプレート

2022年9月21日　　初版第1刷発行

［著者］　　　錦織幸知　稲葉和希　五十嵐小由利　伊藤麻奈美
［発行人］　　山口康夫
［発行］　　　株式会社エムディエヌコーポレーション
　　　　　　　〒101-0051　東京都千代田区神田神保町一丁目105番地
　　　　　　　https://books.MdN.co.jp/

［発売］　　　株式会社インプレス
　　　　　　　〒101-0051　東京都千代田区神田神保町一丁目105番地

［印刷・製本］　株式会社広済堂ネクスト

Printed in Japan

【カスタマーセンター】
造本には万全を期しておりますが、万一、落丁・乱丁などがございましたら、
送料小社負担にてお取り替えいたします。
お手数ですが、カスタマーセンターまでご返送ください。

落丁・乱丁本などのご返送先
〒101-0051　東京都千代田区神田神保町一丁目105番地
株式会社エムディエヌコーポレーション　カスタマーセンター
TEL：03-4334-2915

書店・販売店のご注文受付
株式会社インプレス　受注センター
TEL：048-449-8040／FAX：048-449-8041

内容に関するお問い合わせ先
株式会社エムディエヌコーポレーション カスタマーセンター メール窓口
info@MdN.co.jp

本書の内容に関するご質問は、Eメールのみの受付となります。メールの件名は「デザインのネタ帳　そのまま使えるWordPress　質問係」、本文にはお使いのマシン環境（OSとWebブラウザ、それぞれの種類・バージョンなど）をお書き添えください。電話やFAX、郵便でのご質問にはお答えできません。ご質問の内容によりましては、しばらくお時間をいただく場合がございます。また、本書の範囲を超えるご質問に関しましてはお答えいたしかねますので、あらかじめご了承ください。

制作スタッフ

装丁・本文デザイン
赤松由香里（MdN Design）

DTP
リブロワークス・デザイン室

編集
リブロワークス

編集長
後藤憲司

担当編集
熊谷千春

ISBN978-4-295-20345-2　　C3055